非饱和膨胀土的水分迁移特性研究

刘秋燕 著

电子工业出版社
Publishing House of Electronics Industry
北京·BEIJING

内容简介

非饱和膨胀土吸水膨胀、失水收缩且往返可复的特性常对工程造成危害，因此其水分迁移特性越来越得到重视。本书通过对非饱和膨胀土水分迁移模型研究、试验用土土水特征及微观结构研究、考虑温度效应的非饱和膨胀土水分迁移试验研究、非饱和膨胀土水分迁移的分子动力学研究，以及非饱和膨胀土的水分迁移的数值分析研究，探讨了土体细微观信息提取的新路径，以寻求宏观水分迁移与细微结构表征参数间的统一性，为科学合理预测地基工程是否安全提供了理论依据。

本书适合土木建筑相关专业学生、研究人员学习参考。

未经许可，不得以任何方式复制或抄袭本书之部分或全部内容。
版权所有，侵权必究。

图书在版编目（CIP）数据

非饱和膨胀土的水分迁移特性研究 / 刘秋燕著.
北京：电子工业出版社，2024. 7. -- ISBN 978-7-121-48068-3
Ⅰ. S152.7
中国国家版本馆 CIP 数据核字第 20249W6M30 号

责任编辑：朱雨萌　　特约编辑：武瑞敏
印　　刷：北京虎彩文化传播有限公司
装　　订：北京虎彩文化传播有限公司
出版发行：电子工业出版社
　　　　　北京市海淀区万寿路 173 信箱　邮编：100036
开　　本：720×1000　1/16　印张：9.75　字数：152 千字
版　　次：2024 年 7 月第 1 版
印　　次：2024 年 7 月第 1 次印刷
定　　价：85.00 元

凡所购买电子工业出版社图书有缺损问题，请向购买书店调换。若书店售缺，请与本社发行部联系，联系及邮购电话：(010) 88254888，88258888。
质量投诉请发邮件至 zlts@phei.com.cn，盗版侵权举报请发邮件至 dbqq@phei.com.cn。
本书咨询联系方式：zhuyumeng@phei.com.cn。

前言 PREFACE

　　非饱和膨胀土吸水膨胀、失水收缩，故其工程特性受土体水分迁移影响显著，并可引起地基不均匀沉降、路基或房屋开裂及边坡失稳等工程灾害，造成巨大的经济损失，受到工程界的广泛关注。为确保膨胀土地区工程安全，深入探讨非饱和膨胀土体内的水分迁移机理，具有重要的理论意义和应用价值。

　　本书构建了可考虑温度和区分不同水分迁移形态的非饱和膨胀土迁移试验模型，系统探究了不同含水量梯度、温度（恒温和变温）与迁移时间下非饱和膨胀土的水分迁移规律，探讨了在不同迁移条件下，气态水所占气、液混合迁移比例变化规律。由水分迁移试验结果得出，水分迁移量随着两侧土体间含水量梯度的递增而加大，含水量梯度 18%模型中的水分迁移量为含水量梯度 12%模型的 1.5～2 倍，为 6%模型的 2～3 倍；60 天的水分迁移量为 30 天的 1.07～1.4 倍，表明后 30 天水分迁移速度变缓，水分迁移主要在 30 天内完成；在相同的含水量梯度和迁移时间下，温度对水分迁移量的影响明显，20℃的水分迁移量为 40℃的 40%～60%，5℃的水分迁移量为 40℃的 25%～40%，当含水量梯度较大时，恒温（20℃）的水分迁移量与变温（15～25℃）的水分迁移量差异较小，而当含水量梯度较小时，恒温的水分迁移量为变温的 50%～70%。另外，试验结果也表明非饱和土水分迁移中气态水迁移是不可忽视的。在含水量梯度为 18%的样本中，气态水所占比例均在 57%以上，且随着时间的增加和温度的升高，占比有所增长；在含水量梯度为 6%和 12%的样本中，气态水所占比例不低于 30%，但随着时间的增加，气态水所占比例有所下降。同时，本书对土样微观结构图像进行了定量和定性的分析，探讨了膨胀土水分迁移后结构特征、孔隙结构及颗粒特征的变化规律。结果发现，土样以中小孔隙为主，有利于土体的毛细水上升，也为结合水提供了存在的空间。随着水分含量的降低，颗粒的团聚性变强，结构单元体间的孔隙则为水分迁移提供了通道。

本书构建了黏土矿物的分子动力学微观分析模型，模拟分析了 5℃、20℃和 40℃条件下不同含水量的黏土矿物水化动力学过程，并探讨了不同含水量和温度条件下的膨胀性能，以及水化过程中的水分子和阳离子的扩散系数、配位数、相对浓度等分布与传导演化特征；同时拟合了等温下的扩散系数，并应用于数值计算和考虑温度的土水特征曲线模拟，进一步探讨了黏土微观特性对宏观水分迁移的作用。结果表明，随着含水量的增加，层间水逐渐形成一层、二层、三层、四层的分布结构，层间距逐步增大，说明了黏土矿物遇水膨胀的特性。同时，含水量43%模型的水分子相对浓度峰值较 6%的模型降低了 65%，但含水量 43%模型的水分子较分散，分布空间大 1 倍。模拟分析获得扩散系数为 $1.80×10^{-11}$~$22.0×10^{-10} m^2/s$，扩散系数随着水分子的增加呈幂函数关系增加，20℃和 40℃模型中的扩散系数为 5℃模型的 1~3 倍，故高温可减弱阳离子的水合能力，降低对水分子的束缚，导致水分子的传导能力增强、扩散系数增加，显然分子动力学模拟可从微观角度解释水分迁移引起膨胀土的特性演变机理。

基于 Caputo 分数阶和 Conformable 分数阶定义，本书建立了分数阶非饱和土气、液迁移方程，并探究了极坐标下的分数阶气、液迁移方程的数值解法。根据 Stokes-Einstein 方程及分形理论，本书探讨了考虑温度变化的扩散系数的计算公式。经过敏感性分析发现，在分数阶阶次 $α$ 为 0.95 时，数值解与实测值吻合度最高。此外，根据水分在土体中的迁移变化，分阶段选定参数，提高了数值计算的精确度。通过与实测值对比发现，标准整数阶控制方程数值解的误差占比为 5.20%~28.14%，而本模型数值计算的误差占比为 1.32%~9.05%，约为前者的 30%。可见，这为模拟非饱和土中的水分迁移过程提供了一种有效的方法。

作者

2024 年 1 月

➢ 安徽省高校重点自然科学研究项目"变温作用对非饱和膨胀土水分迁移及强度影响研究"（项目标号：2023AH050267）

➢ 技术服务合同"车时光汽车城 EPC 项目全过程关键质量风险管控研究"（项目标号：20231215）

目录
CONTENTS

第1章 绪论 ··· 1
  1.1 研究背景 ··· 2
  1.2 土体中水分迁移研究现状 ·· 3
    1.2.1 理论研究 ·· 4
    1.2.2 试验研究 ·· 5
    1.2.3 数值分析研究 ·· 7
    1.2.4 微观研究 ·· 7
    1.2.5 存在的主要问题 ··· 9
  1.3 本书主要内容与研究路线 ··· 10

第2章 非饱和膨胀土水分迁移模型研究 ································ 13
  2.1 相关理论 ··· 14
    2.1.1 质量守恒原理 ·· 14
    2.1.2 非饱和土中的 Darcy 定律 ···································· 15
    2.1.3 气相的 Fick 定律 ··· 16
    2.1.4 气相的 Dalton 规律 ·· 16
    2.1.5 水蒸气的饱和压力 ··· 17
  2.2 基于时间分数阶非饱和土气、液迁移方程的构建 ············ 17
    2.2.1 理论模型 ·· 17
    2.2.2 参数的计算方法 ·· 20
  2.3 极坐标下的分数阶气、液迁移方程的数值解法 ··············· 23
  2.4 本章小结 ··· 29

第3章 试验用土土水特征及微观结构研究 ·················· 30
3.1 试验土样的基本物理特性 ·················· 31
3.2 土水特征曲线 ·················· 33
3.3 土水特征曲线预测模型 ·················· 38
3.4 非饱和膨胀土水分迁移的微观结构试验 ·················· 39
3.4.1 试样制备 ·················· 40
3.4.2 微观定性分析 ·················· 41
3.4.3 微观定量研究 ·················· 46
3.4.4 孔隙结构的三维模拟 ·················· 52
3.5 本章小结 ·················· 54

第4章 考虑温度效应的非饱和膨胀土水分迁移试验研究 ·················· 55
4.1 试验方案 ·················· 56
4.2 试验方法 ·················· 58
4.2.1 试验装置 ·················· 58
4.2.2 土样制备 ·················· 59
4.2.3 气、液混合水迁移试验步骤 ·················· 62
4.2.4 气态水迁移试验步骤 ·················· 64
4.3 试验结果与分析 ·················· 64
4.3.1 气、液混合水 ·················· 67
4.3.2 气态水 ·················· 75
4.3.3 对比分析 ·················· 78
4.4 本章小结 ·················· 83

第5章 非饱和膨胀土水分迁移的分子动力学研究 ·················· 85
5.1 分子动力学模型构建 ·················· 87
5.2 水化动力学特征参数 ·················· 88
5.2.1 层间距 ·················· 90

5.2.2 水分子扩散系数 ·· 91
　　5.2.3 径向分布函数 ·· 92
　　5.2.4 浓度分布 ·· 97
5.3 水分迁移的微观内在关系分析 ··· 99
5.4 本章小结 ·· 101

第6章 非饱和膨胀土水分迁移的数值分析研究 ································ 103
6.1 基于时间分数阶偏微分方程的差分方法 ·································· 104
6.2 基于Conformable分数阶理论计算分析 ·································· 105
6.3 数值计算结果与试验结果对比分析 ······································ 115
6.4 数值计算结果与整数阶模拟结果对比 ···································· 121
6.5 基于Conformable分数阶理论的时间分数阶气、液迁移方程的
　　应用验证 ·· 125
6.6 本章小结 ·· 128

第7章 总结与展望 ··· 129
7.1 结论 ·· 130
7.2 创新点 ·· 133
7.3 后续研究内容及展望 ··· 133

参考文献 ··· 135

第1章 绪论

1.1 研究背景

在自然界中，根据所处位置的含水情况，土体一般分为饱和土与非饱和土。分布在水位线以下区域的，称为饱和土，主要由土颗粒和水组成；而水位线以上的土体，其孔隙由水和空气充填，即土体饱和度未达到100%，一般称为非饱和土。非饱和土分布非常广泛，如路基填土区域、边坡、干旱地区、半干旱地区及垃圾填埋场等。据统计，非饱和土占我国国土总面积的近70%，故在目前工程中，建筑人员遇到的大部分土体是非饱和土。显然，工程稳定性分析需要考虑非饱和土的性质。然而，人们对非饱和土力学性质的了解，还远不如对饱和土力学性质的了解[1]。目前，非饱和土还处于理论研究阶段，它的物理力学性质比饱和土复杂得多，但依然依照饱和土的处理方法处理和分析。然而，工程师遇到的地质灾害大部分是在非饱和土区域产生的，如地基膨胀造成房屋开裂、降雨诱发滑坡、路面塌陷和水库诱发地震等。因此，对非饱和土的研究不仅具有理论意义，而且具有非常重要的应用价值[2]。

在地质学领域，各种膨胀岩的风化产物称为膨胀土。土体内含有大量的蒙脱石、伊利石等黏土矿物，这些黏土矿物具有很好的亲水性，随着含水量的增加，土体膨胀，体积增大，此时若受外力约束，土体内会产生较强的内应力。膨胀土的这种显著的吸水膨胀、失水收缩的变形特征，给工程带来了严重的安全隐患。《膨胀土地区建筑技术规范》（GB 50112—2013）和《岩土工程勘察规范（2009年版）》（GB 50021—2001）中对膨胀土特性均有详细的描述。在我国，膨胀土主要分布于干旱地区和半干旱地区，面积已超过10万平方千米[3]。这些地区的膨胀土常常处于非饱和状态，即非饱和膨胀土。近几年，随着我国经济的稳步推进，这些地区的经济建设取得了较大的发展，建筑、工业、水利水电、农业、公路铁路等工程中均会遇到非饱和膨胀土，因此非饱和膨胀土的研究对实际工程日益重要。但其具有的吸水膨胀、失水收缩且往返可复的特性，常对工程造成危害，如建筑物地基隆起、墙体开裂或倾斜。目前，因非饱和膨胀土发生危害的地区多达二十多个省、直辖市及自治区。不仅如此，在市政工程中，道路开裂、地下管网的沉陷或网裂；或者水利工程中的大坝决堤、岸塌及砌体的开裂等，这些都是土体中水分的变化引起的。可见，膨胀土工程的特性明显受其含水量的影响和控制。而土体中含水量的变化主要是由水分迁移引起的，当膨胀土体中含水量改变时，孔隙水压力也随之发生变化，进而引起土体有效应力的改变，此时土体的强度和变形也发生改变[4]。同时，水分在迁移过程中，所产生的渗透力会影响土坡的稳定性。为此，人们对非饱和膨胀土的水分迁移特性日益重视。

因为水分迁移会引起土体含水量的变化，而膨胀土又有吸水膨胀和失水收缩的工程特性，所以掌握膨胀土的水分迁移规律，对研究非饱和膨胀土的力学特性和应用有着十分重要的意义[5-6]。在非饱和土地区，土体中的水分主要以液态水和水蒸气两种方式进行迁移。许多学者通过试验、数值模拟等方法对其在土体中的迁移变化进行了分析，目前针对液态水的研究较多，也得到了许多有意义的结论，为解决工程问题提供了一定的理论支持[7-11]。受气态水迁移复杂性及试验条件的限制，人们对气态水迁移的研究工作进行得相对较少，对气态水迁移的规律不甚清楚。事实上，气态水的迁移不容忽视，在低含水量的非饱和土的水分迁移行为中起着重要作用。水分在土壤中的迁移是一个能量和质量耦合传输过程，研究过程较复杂，本书对前人在水分迁移方面的研究成果进行总结，就理论、试验、数值分析及微观特性的国内外研究现状分别进行阐述，为后续的研究工作奠定基础。

1.2 土体中水分迁移研究现状

针对不同的专业应用，土体水分迁移在农学、土壤学、水利工程及岩土工程等专业中均有研究。就岩土工程而言，国内外研究人员进行了大量相关课题的研究工作，包括现场试验、室内试验和数值分析的研究，取得了一定的研究成果[12-13]。

1.2.1 理论研究

对于饱和土体，孔隙中充满了水，只能以液态形式迁移，迁移方式单一、相对简单。早在1856年，法国工程师Darcy针对不同颗粒级的砂土进行了大量的渗透试验，形成了地下水动力学理论，Darcy定律现被人们广泛应用于实践问题。水在土体三相中处于比较活跃的部分，当土体处于非饱和状态时，土体中的水呈现出液态和气态两种形式，由于其内在迁移的复杂性和不确定性，土体中水分迁移问题成为一个世界性难题。1931年，Richards将Darcy定律应用到非饱和土中，得出非饱和土中水分运动方程[14]。之后，大量学者在Richards的基础上开展了研究，并取得了阶段性的成果[15]。1957年，基于不可逆热力学理论，Philip[16]、De Vries[17]、Taylor和Cary[18]等建立了Philip-De Vries（PDV）模型，认为非饱和土中的水分迁移与气、液、固之间的相互作用密不可分，PDV模型成为土体—大气连续质量方程模型的基础。后来，Sophocleous[19]、Milly[20]、Celia[21]、Chanzy[22]、Wilson[23-25]分别提出了不同的耦合模型，进一步推动了非饱和土中水分迁移理论的研究。蔡树英等[26]采用PDV模型模拟了土体水分蒸发，了解到温度对水汽运动有很大的影响。基于土力学及流体力学，王铁行、贺再球等[27-29]建立了水汽迁移方程，并说明温度和水分梯度是水分迁移的主要动力。2005年，Grifoll等[30]提出非饱和土中水分传输既包括液态对流，又包括水蒸气的对流、扩散和弥散，并以此建立了非饱和土体中的非等温运移模型。基于傅里叶热传导定律，白冰等[31]建立了简化形式的有热源控制方程，并考虑了吸力势、温度势及重力势的影响。张玲等[32]对非饱和砂土进行了一维热湿传递试验研究，并对Philip水分通量模型中的扩散系数进行了改进。翟聚云等[33-35]研究了水体积变化系数 w_2^m、渗透系数 k_w 与基质吸力的函数关系，并建立了非饱和膨胀土气态水和气、液混合水迁移的微分方程。2015年，Zhang等[36]根据砂土和生物炭均为多孔介质，在已有试验结果的基础上建立了水平衡模型。通过一维非稳态数值模拟，得到了生物炭和砂土的含水量分布。2016年，Zhang等[37]提出了一种考虑蒸发、凝结和升华相变的非饱和冻土水热运动模拟新方法，得出水汽通量占总通量的比例与温度梯度和冻结深度正相关，与初始含水量负相关的结论。2017年，An 等[38]开发了一种水热耦合模型，用于分析路堤体积含水量和温度的变化。

从以上内容可见，非饱和土中的水分传输问题涉及诸如渗流原理、毛细理论、扩散理论、流体力学、传热传质学和热力学理论等，理论分析和计算求解过程还与数理方程、数值方法等紧密相联，越来越多的学者开始关注土体中的水分迁移，并得出一些有意义的成果，为解决岩土工程问题提供了参考。近年来，很多学者发现水分在非饱和土体中的输运过程并不满足经典的 Fick 梯度扩散定律，其均方位移与时间并不成线性关系，属于反常扩散过程，即传输的超扩散或次扩散现象。反常扩散过程本质上是一种非马尔可夫非局域性运动，必须考虑运动过程中的时间和空间相关性[39-40]，而整数阶导数极限定义具有局域性，目前不能准确地描述这类反常扩散过程，还需要进一步探索。

1.2.2 试验研究

针对土体中水分迁移的研究，试验是必不可少的环节，许多学者也在相关方面做出了贡献。试验研究一般分为两种，即室内模拟和现场测试。现场测试利用专门的仪器设备，现场进行取样测量，所得数据最真实，对其研究具有很强的现实价值和说服性。其不足之处在于需要对现场的土体含水量、地面温度及地下水位等因素进行长期的监测，时间跨度大、影响因素较复杂，且受制于环境因素的不断变化，难以保证试验结果的准确性。在室内构建物理模拟装置，有针对性地模拟室外工程概况，尽可能地提高其实用性和精确性，这是大部分研究人员的选择，它可以避开现场测试时不可控因素的干扰，更有利于后期成果的整理和分析。许多学者用此方法对水分迁移进行了深入研究，揭示其运动规律。Wilson[25]利用细砂、粉砂和黏土进行了干燥试验，试验表明，土壤表面的蒸发速率与自由水表面的蒸发速率相同，同时用所提出的理论对土样42天蒸发试验结果进行了模拟，蒸发速率、土壤含水量和土壤温度的计算值与实测值基本一致。Nassar 等[41]在不同试验条件下，对10cm长的非饱和土柱中的热传递和水传递进行了测试，并估算了水输送系数，预测的土壤温度分布与土柱的观测结果相似。Grifoll 等[42]采用确定性动力学建模方法研究了降雨和蒸发对非饱和土壤污染物迁移的潜在影响；在考虑降雨和蒸发的动态地表边界条件下，利用 Richards 方程求解了污染物的传质方程。Mohamed 等[43]模拟了不同的重力环境对水分迁移的影响程度，结果发现，重力对毛细势和土体微观结构均有影响，并且加速了水分迁移。马传明等[44]研制了大型土体中水体和溶质迁移的试验装置，结果表明，边界补排的变化对土体中水分的迁移转化起主导作用。通过大尺度冻结试验，王铁行等[45]开展了非饱和黄土的水分迁移研究，并探讨了干密度、温度及冻结方式对水分迁移的影响。毛雪松等[46-47]在室内模拟了水在砂土中的迁移变化，并实时监测、分析了风积砂中水分迁移的特征。汪明武等[48-49]利用膨胀土和石灰改良土建立了混合水迁移和气态水迁移的试验模型，探讨了不同迁移模型下土体中的水分随迁移时间的变化规律。2018 年，Mahdavi 等[50]开展的露天埋设土柱水热迁移试验得出，渗透梯度对水汽传输有一定的影响，热量传输对水汽传输的贡献率为 45%。蔡光华[51]和林毓旗等[52]在不同性质土体中开展了水分迁移试验，发现温度梯度和水分梯度是水分迁移的主要驱动力。An 等[53]对砂土进行了 4 种不同的蒸发试验，深入分析了试验中土壤温度、体积含水量的变化，以及土壤表层水热通量的边界条件。结果表明，由于土壤表面的蒸发作用，土壤含水量呈不断下降的趋势，验证了数值方法的正确性。侯晓坤等[54]在多次降雨和规律加水条件下对水分在非饱和黄土中的运移机制进行模拟，并探究了土水特征曲线与微观结构的关系。2020 年，为了揭示水汽在非饱和土壤中的扩散机理，刘飞飞等[55]研制了水汽运移试验装置，进行了室内水汽运移试验。试验表明，非饱和土中水汽的扩散特性符合 Fick 第二定律。

总之，试验研究为土壤中的水分迁移机理研究提供了许多实践依据，也为本书中水分迁移试验的模型和方法提供了一些参考与借鉴。但是，在等温条件下非饱和土中的水分迁移的主要驱动势为重力势和基质势。然而，只在基质势作用下的非饱和土的水分迁移的研究比较少，而且水分迁移对非饱和膨胀土的结构特征、孔隙结构的影响也未明确；土体中的水以气态水和液态水在总水分迁移量中所占的比例缺少定量结论。

1.2.3 数值分析研究

20 世纪，随着计算机技术的出现和快速发展，数值分析方法在许多方面得到了广泛应用，包括离散法、有限差分法和有限元法等。数值计算成本低、计算效率高，能在较短时间内完成大量的数据分析工作，与试验数据互相印证，提高了研究结果的准确性。因此，近年来越来越多的数值分析方法被用于水分迁移的机理研究。1991 年，陈善雄等[56-57]利用积分有限差分法（IFDM）求解了 PDV 线形流动耦合方程，编制了求解热湿传输问题的计算程序。Sammori 等[58]提出了一个将渗流与边坡稳定性分析相结合的二维模型，利用有限元法对一些参数的性能进行了评价。2001 年，Henry 等[59]修改了非饱和土流动模型 Hydrus5.0，探讨了表面活性剂对多孔介质非饱和土中水流动的影响。Romano 等[60]采用有限差分法，研究了 Richards 方程在层状土剖面非饱和区一维流动过程的数值解，并准确估算了不同土层中相邻节点之间的导水率。基于有限元法，王铁行等[61-62]针对水分迁移数值模型进行了求解，又利用非饱和黄土路基水分场计算的理论模型，最终确立了模型参数。2005 年，Liu 等[63]建立了描述由湿—非饱和层与干—饱和层组成的多孔土中湿热耦合迁移过程的数学模型。通过数值分析，预测了自然条件下土壤水分蒸发速率和温度、湿度的瞬态变化，分析了温度梯度对水汽输送和水汽扩散的影响。2011 年，Deb 等[64]利用 Hydrus-1D 模型对砂土中水分和温度随时间变化的各种影响机制进行了研究。2016 年，奚茜等[65]采用简化的全隐式差分格式求解了土壤水热耦合迁移方程，计算量大幅度降低，计算效率明显提高。

综上所述，越来越多的数值方法被应用到水分迁移的分析研究中，每种方法均有其优缺点。根据研究侧重点，选择合适的数值方法可以更精确地验证试验数据，弥补试验设备或人为误差造成的数据缺失，再现试验结果和提高试验的准确性。

1.2.4 微观研究

在岩土工程领域，非饱和膨胀土的胀缩特性成为工程安全的严重隐患之一。

而黏土矿物的亲水特性决定着膨胀土的胀缩程度。因此，黏土矿物是工程灾害问题的重点处理和防治对象。其核心问题在于黏土与水的相互作用，土的含水率对其力学性质如可塑性、抗压性、抗剪强度等都有影响。了解水—离子—黏土微观结构体系的物理化学过程，能够在工程界和矿物界之间筑起一道桥梁，对岩土工程的发展起到促进作用。

土体与水的相互作用是影响工程特性的重要因素，因此国内外许多学者已经对其行为和机理进行了深入研究。传统的研究方法是采用试验的手段，如IgorFrota[66]、Mooney 等[67]利用 XRD 技术分析了水分子在黏土矿物表面的吸附特性及溶液中离子对黏土矿物膨胀的影响。Sposito[68]、Peng[69]、Alekseyev 等[70]利用红外光谱技术、原子力显微镜及电渗法研究了黏土矿物与水的相互作用，并对黏土矿物表面的水化膜厚度进行量测；Vakarelski 等[71]研究了阳离子的半径、水化能力对矿物表面吸附水分子的影响。上述方法均根据黏土矿物与水体的相互作用，进一步探究土体的宏观特性，但由于黏土组成复杂、晶体中存在缺陷，并且具有热动力学不稳定性，现有的试验设备很难考虑到体系中的每个原子，也难以准确地表征黏土表面与水的相互作用行为机理。近年来，随着计算机技术的发展，许多新的方法被应用到此领域。其中，分子模拟明确地考虑了矿物中的每个原子，能够精确地描述表面水分子的扩散情况，现在越来越多的学者开始利用分子模拟的方法来研究黏土在微观纳米尺度范围内的性质、固/液表面的相互作用等，并以此来验证或预测在宏观尺度下的现象。借助分子模拟，可以从热力学和动力学等角度，实现对黏土从微观原子到宏观统计层次的研究，以阐明黏土在水化作用中的结构和动力学性质[72-73]。

分子模拟有多种方法[74]，每种方法均有各自的适用范围。量子力学适用于简单的分子或电子数量较少的体系，对于具有大量分子或原子的聚合物或生化大分子，现有的技术手段无法利用量子力学解决；分子动力学方法在指定的力场下，以玻恩-奥本海默近似原理为基础，忽略电子的运动，将系统的能量看作原子核位置的函数，以得到分子的各项性质；基于统计力学的概率分配原理，蒙特卡罗方法根据质点的随机运动轨迹计算系统的平均值。当下，使用最广泛的方法是分子动力学方法，以牛顿力学原理为基础，在特定的力场下赋予原子初始速度后，通过求解牛顿运动方程来获得系统的运动特征[75-76]。与蒙特卡罗方法相比，分子动力学方法由于具有准确的物理依据，所得结果更加精确，并能够获得系统的动态信息，因此广泛地应用在各种系统和各种特性的研究上。Kawamura 等[77]利用分子动力学方法模拟研究了蒙脱土的水化膨胀特性，并且通过了 XRD 试验结果的验证，说明了模拟精度较高。Sanchez 等[78]在不同温度和溶液浓度下对压实黏土矿物中的水分子进行了分子模拟，探讨了水分子自扩散系数的影响因素。Tournassat 等[79]利用分子模拟的方法实现了蒙脱土与 NaCl 溶液相互作用下，颗粒表面扩散双电层结构的分子尺度模拟，验证了扩散双电层理论在黏土—水—离子体系中的适用性。在此基础上，Bourg 等[80]模拟了钠离子和钙离子的混合电解质溶液在蒙脱土表面的行为特征。Virginie 等[81]研究了在 30~60℃下，蒙脱石含水分较少时的活动性。Holmboe 等[82]探究了土体中溶质与水分子的扩散行为，发现离子的扩散受孔隙大小的影响非常明显。上述模拟结果与试验测量值能较好地吻合，说明分子动力学方法能够用来模拟水与黏土间的吸附作用。

通过上述对分子模拟研究现状的分析可知，相比传统的试验方法，计算机数值模拟的方法更适用于颗粒微小、组成成分复杂的黏土矿物的研究。因此本节将利用分子动力学方法来模拟研究膨胀土与水相互作用的行为特征，主要完成以下内容。

（1）建立黏土矿物与水分子结构模型，模拟力场选用 Clayff 力场，水分子采用 SPC 模型，模拟黏土矿物与水的相互作用，从而建立完整的模拟体系。

（2）通过水化过程中的均方位移和径向分布函数分析，深入探讨水化过程中水分子和阳离子的扩散系数、配位数、相对浓度等分布与传导演化特征。

（3）将黏土水化的微观动力学机制与宏观水分在土体中的迁移相结合，进一步探讨水分迁移对土体的影响。

1.2.5 存在的主要问题

综上所述，国内外学者对土体中水分迁移的问题非常关注，它与工程问题和许多地质灾害均有直接关系。但以往的研究主要集中在外界自然环境对水分迁移的影响,以及水分迁移的动力来源。受现有试验条件的限制,人们对水分在非饱和土中迁移的形式、速度,以及水分迁移过程中对土体微观结构的影响鲜有研究。

(1) 在非饱和土体中,水分主要以气态或液态形式迁移,但由于气态水迁移问题的复杂性,含水量梯度、温度、时间等因素对气态水迁移量大小的影响程度很难做出判断。另外,当水体以气态形式或液态形式迁移时,每种形式所占比例及与哪些因素有关,这些都需要进一步探索。

(2) 由于水分迁移过程的影响因素众多,且经典的扩散方程在水平方向迁移过程中不能反映土壤水分迁移的异常扩散现象,所以建立能准确反映土体水分反常扩散的气液迁移方程是难点。

(3) 在水分迁移过程中,非饱和膨胀土的结构特征、孔隙结构、颗粒特征等的变化对机理的研究至关重要,而如何精确测试其变化特征是试验中的难点。

(4) 水体在非饱和膨胀土中的迁移变化,是黏土矿物与水分子相互作用的宏观体现。怎样从微观层面揭示水分子在土体中的迁移机理,以及随着水分含量的增加,膨胀土的微观特征表现均是研究的难点。

1.3　本书主要内容与研究路线

本书通过不同含水量梯度、温度和迁移时间条件下水分迁移试验,研究气态水及气、液混合水迁移作用下的含水量变化规律,并探讨黏土矿物吸水前后的微观结构特征,基于分子动力学方法揭示水分迁移与微结构的内在关系,进而构建数值分析方程,并将试验结果与数值计算结果进行比较,验证其有效性。研究路线如图1.1所示。

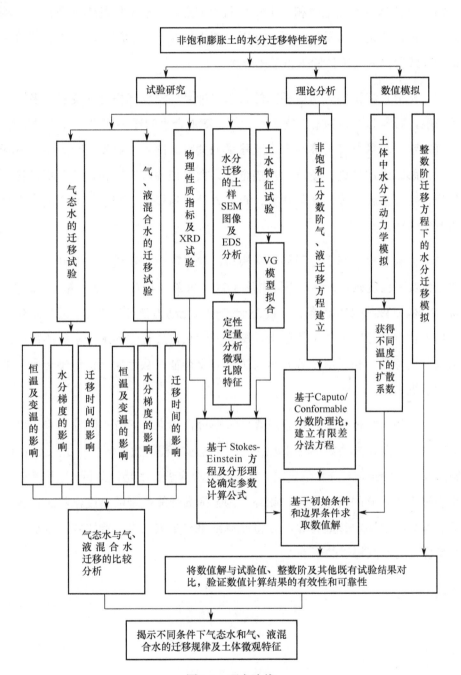

图 1.1 研究路线

（1）土体基本物理性质和土水特征曲线测定。了解土样基本物理特性，测定最大干密度、最优含水量、液限、塑限、塑性指数、自由膨胀率、矿物成分及土水特征曲线等，为后续试验提供基本参数。

（2）水分迁移试验。考虑不同的含水量梯度、温度（恒温和变温）及迁移时间的影响，研究非饱和膨胀土气态水和气、液混合水的迁移规律。通过试验对比，研究气态水迁移量与气、液混合水迁移量的关系。同时，对不同吸力下水分迁移稳定后的膨胀土试样进行场发射扫描电子显微镜扫描，定性和定量分析颗粒与孔隙类型、颗粒接触方式、孔隙数量、等效直径、扁平度、复杂度及定向分布分维数的变化规律。

（3）微观研究。基于分子动力学模拟，建立黏土矿物微观分子动力学模型。考虑土体实际温度条件，进行不同温度（5℃、20℃、40℃）和含水量（6%、12%、18%、24%、33%和43%）条件下的黏土矿物水化动力学过程模拟。通过水化过程中的均方位移和径向分布函数分析，深入探讨水化过程中的水分子和阳离子的扩散系数、配位数、相对浓度等分布与传导演化特征，从而深刻认识黏土水化的微观动力学机制。

（4）理论与数值分析。基于质量守恒原理，建立时间分数阶非饱和土气、液迁移方程，并探究极坐标下的分数阶气、液迁移方程的数值解法。引入 Caputo 型分数阶和 Conformable 分数阶定义，对分数阶阶次进行敏感性分析，采用有限差分法来模拟土壤水分的瞬态变化。此外，为了提高计算模型的精度，将土体脱湿和吸湿过程分阶段选定参数计算，并将计算结果与实测结果进行比较，分析温度和含水量梯度对水汽输送的影响。

第 2 章

非饱和膨胀土水分迁移模型研究

2.1 相关理论

土体中的水分迁移形式分两种，即气态水和液态水。一般认为非饱和土中的液态水只在连续液相所占的孔隙里迁移，孔隙气流在连续气相物质所充填的孔隙里迁移。这两种迁移形式，谁起主要作用，与土体的类型、含水量、温度及周围环境有很大关系。非饱和土体液态水的流动是由总势能控制的。总势能包括重力势、基质势和渗透势等。重力势和基质势是由整个土—水作用形成的，而渗透势是由土—自由水作用形成的。本书所有样本含水量基本不超过塑限，土体中渗透势可以忽略。非饱和土体中气态水的流动由气相总势能控制，气相总势能最大的变化源于压力和温度。

由于周围环境和土体储水特性随着时间在变化，因此非饱和土中的水分流动和含水量也随时间和空间的改变而改变。为了预测水分流动，常常需要对土体的边界条件进行限定，而土体的储水能力对含水量的重新分布作用也可由流体控制方程来获取[83]。

2.1.1 质量守恒原理

对于一个给定的土体单元，水的补给或损失等于土体的水流入与流出的差值，因此质量守恒原理也称连续性原理。图2.1所示为一个具有孔隙度 n 和体积含水量 θ 的土体单元。土体单元中沿着坐标正方向流入的总水量为

$$q_{进} = \rho(q_x \Delta y \Delta z + q_y \Delta x \Delta z + q_z \Delta x \Delta y) \tag{2.1}$$

式中，ρ 为水的密度（kg/m³）；q 为流量（m/s）。因此流出的总水量为

$$q_{出} = \rho\left[\left(q_x + \frac{\partial q_x}{\partial x}\Delta x\right)\Delta y \Delta z + \left(q_y + \frac{\partial q_y}{\partial y}\Delta y\right)\Delta x \Delta z + \left(q_z + \frac{\partial q_z}{\partial z}\Delta z\right)\Delta x \Delta y\right] \tag{2.2}$$

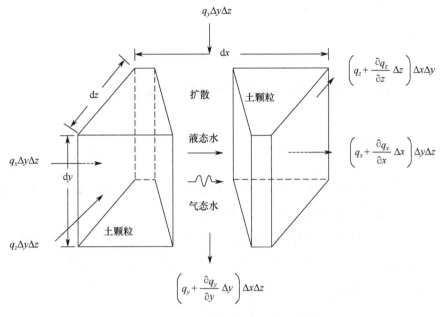

图 2.1 单元土体的水分迁移示意图

在土体单元瞬态流动过程中,许多实验室和实地测量的试验数据显示,经典的扩散方程在水平方向迁移过程中不能反映土壤水分迁移的异常扩散现象。针对上述情况,这里采用分数阶方程来描述非饱和土的水分运动过程[84-86]。水量的补给或损失量 Q 可采用时间分数阶形式表示为

$$Q = q_{出} - q_{进} = \rho \frac{\partial^{\alpha} \theta}{\partial t^{\alpha}} \Delta x \Delta y \Delta z \qquad (2.3)$$

式中,α 为分数阶阶次,$0 < \alpha \leqslant 1$。当 $\alpha = 1$ 时,式(2.3)即为标准的瞬态流控制方程。

2.1.2 非饱和土中的 Darcy 定律

假设在非饱和土体中,水只通过水占有的孔隙空间流动,空气所占孔隙可视为与固体相似,即非饱和土体可被认为是减少含水量的饱和土体,从而 Darcy 定律也可以用于非饱和土体的研究中[87-88]。Richards 在空气压力和大气压力相等且恒定的假设下,结合质量守恒原理,将该定律引入非饱和土,Richards 方

程可以表示为

$$q = -k(\omega)\nabla\varphi \tag{2.4}$$

式中，φ 为土壤水分势；k 为渗透系数，一般是含水量 ω 的函数。

2.1.3 气相的 Fick 定律

19 世纪，Fick 提出在单位时间内通过垂直于扩散方向的单位截面积的扩散物质流量与该截面处的浓度梯度成正比，也就是说，浓度梯度越大，扩散通量越大。非饱和土中水蒸气迁移的根本动力来自水蒸气的化学势能，常用水蒸气密度表示。经修正的 Fick 定律适用于水蒸气流动过程[89]。这就意味着对土体单位来说，可按下式计算水蒸气的流量。

$$J_a = -D_v \nabla C \tag{2.5}$$

式中，J_a 为通过单位面积土体的空气质量流量；D_v 为土壤中水蒸气的分子扩散率，在通常情况下，非饱和土体中的孔隙空间狭窄，路径曲折，水蒸气在土体中的扩散率比在大气中的扩散率要小；C 为水蒸气浓度，用单位体积土体中的空气质量表示；负号为水蒸气沿浓度梯度减少的方向流动。

2.1.4 气相的 Dalton 规律

在非饱和土体的气相中，气体的各种成分和水蒸气是混合在一起的，但是这种状态并不影响水蒸气的性状。Dalton 规律认为，在任何容器内的气体混合物，如果不相互发生化学反应，那么每种气体所产生的压强与它单独占有整个容器时所产生的压强相等。换言之，水蒸气的性状与其他组成气体无关。因此，大气中与水保持平衡的水蒸气的分压力也就等于在相应的温度下水蒸气的饱和压力。

2.1.5 水蒸气的饱和压力

当水体气化过程的速率与水蒸气凝结过程的速率相同时,水蒸气达到平衡状态,此即水蒸气的饱和压力。饱和水蒸气压的大小取决于温度与总的气压,但是总的气压对饱和水蒸气压的影响比温度小很多,所以对大多数非饱和土来说,总的气压对饱和水蒸气压的影响可以忽略不计,而温度是必须考虑的因素。阮飞等[90]以 0~100℃下精度较高的水的饱和水蒸气压数据为基础,采用基尔霍夫饱和水蒸气压方程数学模型,通过多元函数线性回归的方法拟合得到了 0~100℃范围内纯水的饱和水蒸气压 $P_{v,sat}$ 与绝对温度 T 的经验关系式。

$$P_{v,sat} = \exp\left(49.334 - \frac{6651.946}{T} - 4.5407\ln T\right) \tag{2.6}$$

式(2.6)具有较高精度,相关系数 $R^2 = 0.9999996$。

2.2 基于时间分数阶非饱和土气、液迁移方程的构建

2.2.1 理论模型

非饱和土一般由固体颗粒、水和空气三相组成,特别是水相由液态水和水蒸气组成。对非饱和膨胀土的物理机制进行以下假设。

(1)介质在空间上是宏观连续的(想象中的连续介质),物理性质是各向同性的。

(2)不考虑固体颗粒体积变化,其膨胀或收缩可以忽略不计。

(3)土壤中液态水的流动是不可压缩的,忽略了渗透压力梯度。

(4)不考虑空气溶解为液态水相。

(5)不考虑气流,保持气压恒定。

(6)无溶质迁移。

(7)无温度梯度的影响。

非饱和土的传质可以看作一系列相互联系的物理过程。从机械论的观点出发,这些过程可以通过物质守恒的普遍定律以数学的方法来描述。考虑到第一次传质,液态水和水蒸气的运动首先与含水量和温度有关。应用连续性原理可以得到非饱和土水分流动的控制方程。水的传质包括液体流和水蒸气流,即

$$q = q_l + q_v \tag{2.7}$$

式中,q_l 为液态水的通量密度 [kg/(s·m²)];q_v 为水蒸气的通量密度 [kg/(s·m²)]。

液态水的流动可以通过 Darcy 定律来描述[14,87-88]:

$$q_l = -k_w \rho_l \nabla \varphi \tag{2.8}$$

式中,k_w 为非饱和土的渗透系数(m/s),是含水量的函数;ρ_l 为液态水的密度(kg/m³);φ 为压力水头(kPa)。

总势能作为土壤水分迁移的主要动力,对土体中含水量的变化有着重要的意义。总势能包括重力势、基质势、渗透势等,而且多种势能之间相互影响,给研究带来了一定的难度,这时就需要简化物理模型,在误差允许的范围内对土中水分迁移进行分析,从而达到求解目的。这里忽略了重力势、渗透势的影响,重点考虑基质势对水汽水平方向迁移的影响情况。

气态水在非饱和土体中的流动是对气相压力梯度的响应。在气相中有两种机制负责水汽的输送,即水分子在气相中的平流和水分子的扩散[25]。非饱和土中水蒸气的流动可以用 Fick 定律来描述[7]:

$$q_v = -D_v \nabla \rho_v \tag{2.9}$$

式中,D_v 为非饱和土中水蒸气的分子扩散率(m²/s);ρ_v 为水蒸气密度(kg/m³)。

土体单元中水量的变化可以根据一定时期内液体和水蒸气进出单元的质量来计算。时间分数阶土壤水分运动质量守恒方程为

$$\frac{\partial^{\alpha} M}{\partial t^{\alpha}} = -\nabla q = \nabla(k_w \rho_l \nabla \varphi + D_v \nabla \rho_v) \quad (2.10)$$

其中，$0 < \alpha \leqslant 1$。

含水量 M（kg/m³）可以用水蒸气和液态水来表示：

$$M = \theta \rho_l + (n - \theta) \rho_v \quad (2.11)$$

式中，θ 为体积含水量；n 为孔隙度。

$$\frac{\partial^{\alpha} M}{\partial t^{\alpha}} = \frac{\partial^{\alpha} \theta}{\partial t^{\alpha}} \rho_l + \frac{\partial^{\alpha} (n-\theta)}{\partial t^{\alpha}} \rho_v = \rho_d \frac{\partial^{\alpha} \omega}{\partial t^{\alpha}} \left(1 - \frac{\rho_v}{\rho_l}\right) \quad (2.12)$$

式中，ρ_d（kg/m³）为土体干密度。由于水蒸气密度与液态水密度之比非常小（$<0.5 \times 10^{-4}$），因此土体干密度可取 0。根据式（2.10）和式（2.12），可以得到水汽迁移方程为

$$\rho_d \frac{\partial^{\alpha} \omega}{\partial t^{\alpha}} = -\nabla q = \nabla(k_w \rho_l \nabla \varphi + D_v \nabla \rho_v) \quad (2.13)$$

式中，液态水的渗透系数 $k_w(\theta, T)$ 和气态水的扩散系数 $D_v(\theta, T)$ 均为含水量与温度的函数。

渗透系数和扩散系数是反映物质在驱动力（水头梯度和浓度梯度）作用下穿过土体中多孔介质的过程。非饱和土的渗透系数为扩散系数 D_w 与比水容量 C_w 的乘积，即

$$k_w = D_w \cdot C_w = D_w \frac{\partial \theta}{\partial \varphi} \quad (2.14)$$

则式（2.13）可转化为

$$\rho_d \frac{\partial^{\alpha} \omega}{\partial t^{\alpha}} = \rho_l \nabla(D_w \nabla \theta) + \nabla(D_v \nabla \rho_v) \quad (2.15)$$

2.2.2 参数的计算方法

1. 液态水扩散

许多研究者将液态水扩散系数试验数据进行拟合发现，扩散系数与体积含水量一般成幂函数或指数关系[13, 33, 51, 91-92]。根据 Stokes-Einstein 方程[93]，扩散系数随温度（T）呈现正向变化，随动态黏度（μ）反向变化。基于此，给出 D_w 的两种预测方程，即

$$D_w = \delta\left(\frac{T}{T_0}\right)\left(\frac{\mu_{T_0}}{\mu_T}\right)\theta^\zeta \tag{2.16}$$

$$D_w = \delta\left(\frac{T}{T_0}\right)\left(\frac{\mu_{T_0}}{\mu_T}\right)e^{\zeta\theta} \tag{2.17}$$

式中，δ、ζ 均为经验常数，取决于土体结构和外界环境，其值将在第 5 章分子动力学研究中拟合得出；μ_T 和 μ_{T_0} 分别为温度 T 和参考温度 T_0 下的水蒸气动态黏度，在此取 $T_0 = 278K$。

2. 气态水扩散

非饱和土中的气体扩散受孔隙的孔径大小、不同孔径孔隙的体积分布、孔隙形状及饱和度影响极大，因此气态水的扩散系数可表示为

$$D_v = AD_{se} \tag{2.18}$$

式中，A 为可供气态水流动的土体截面面积，取 $\dfrac{e - \omega d_s}{1+e}$，其中，$e$ 为孔隙比，d_s 为土粒相对密度；D_{se} 为有效扩散系数。

假设在非饱和土体中，气态水主要以 Fick 扩散为主，根据分形理论和曲折毛细管模型理论[94-96]，均匀直径的单个孔隙内的气态水扩散系数为

$$D = \frac{2k_b^{1.5}T^{1.5}}{3\pi^{1.5}d^2 P_v m^{0.5}} \quad (2.19)$$

式中，k_b 为玻尔兹曼常数，取值 1.3806×10^{-23} J·K^{-1}；d 为水分子直径，取值 4×10^{-10} m；P_v 为水蒸气压力（kPa）；m 为水分子质量，取值 2.993×10^{-26} kg。

然而，孔隙的结构和形状非常复杂，式（2.19）所提出的气体扩散系数不适用于曲折的孔隙。因此，气体在曲折孔隙中的扩散系数可以修正为

$$D_s = \frac{D}{\tau^2} \quad (2.20)$$

式中，τ 为曲折度，其表达式为

$$\tau = \frac{L(\lambda)}{L_0} = \left(\frac{L_0}{\lambda}\right)^{D_t - 1} \quad (2.21)$$

式中，$L(\lambda)$ 为直径为 λ 的孔隙的长度，$L(\lambda) = \lambda^{1-D_t} L_0^{D_t}$；$L_0$ 为孔隙沿扩散方向的直线长度（见图 2.2）；D_t 为曲折度的分形维数，$1 < D_t < 2$。$D_t = 1$ 表示直的孔隙，D_t 越大，孔隙就越弯曲；$D_t = 2$ 对应的是一个非常弯曲的孔隙，它充满了整个平面。

$$D_t = 1 + \frac{\ln \tau_a}{\ln\left(\dfrac{L_0}{\lambda_a}\right)} \quad (2.22)$$

式中，τ_a 和 λ_a 分别为平均曲折度和平均孔隙直径。

$$\tau_a = 1 + 0.63 \ln\left(\frac{1}{n}\right) \quad (2.23)$$

$$\lambda_a = \frac{D_p \lambda_{\min}}{D_p - 1} \quad (2.24)$$

由式（2.21）可知，τ 是对孔隙的几何描述，但气体扩散除了受孔隙弯曲度影响，还受孔隙的结构、不规则性及连通性等的影响，故式（2.20）中采用弯曲度的平方作为总体的影响系数[97]。

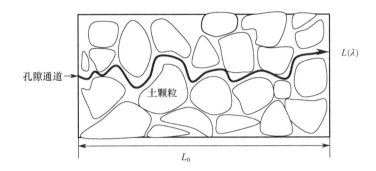

图 2.2　土体中的曲折孔隙通道示意图

众所周知，非饱和土中分布着大量复杂的孔隙，在土中取一个具有代表性的圆柱体单元，假设土体孔隙可用一簇具有不同半径的毛细管代替，其半径 λ 的大小在一定范围内，即 $\lambda_{\min} \leqslant \lambda \leqslant \lambda_{\max}$。基于分形理论，处于孔隙直径 λ 和 $\lambda + \mathrm{d}\lambda$ 之间的孔隙数可表示为

$$\mathrm{d}N = -D_\mathrm{p} \lambda_{\max}^{D_\mathrm{p}} \lambda^{-(D_\mathrm{p}+1)} \mathrm{d}\lambda \tag{2.25}$$

式中，负号为孔隙数目随孔隙直径的增大而减少；D_p 为孔隙面积的分形维数，$D_\mathrm{p} = D_\mathrm{E} - \dfrac{\ln n}{\ln\left(\dfrac{\lambda_{\min}}{\lambda_{\max}}\right)}$，其中，$D_\mathrm{E}$ 为欧几里得空间维度数，n 为孔隙度。那么土体的有效扩散系数为

$$D_{\mathrm{se}} = \int_{\lambda_{\min}}^{\lambda_{\max}} D_\mathrm{s} \mathrm{d}N \tag{2.26}$$

将式（2.19）～式（2.25）代入式（2.26），可得

$$D_{\mathrm{se}} = \xi \frac{\lambda_{\max}^{2D_\mathrm{t}-D_\mathrm{p}-2} - \lambda_{\min}^{2D_\mathrm{t}-D_\mathrm{p}-2}}{2D_\mathrm{t} - D_\mathrm{p} - 2} \tag{2.27}$$

其中

$$\xi = \frac{2k_\mathrm{b}^{1.5} T^{1.5}}{3\pi^{1.5} d^2 P_\mathrm{v} m^{0.5} L_0^{2D_\mathrm{t}-2}} \tag{2.28}$$

2.3 极坐标下的分数阶气、液迁移方程的数值解法

在实际工程中,受外界因素的影响,土壤中的水分迁移是不稳定的。为减少外界的影响,本节采用密闭的 PVC 圆柱管进行室内模拟,由于边界条件被限定,因此数值分析中不考虑土体体积的变化。水分迁移方程采用极坐标形式表示,以图 2.3 所示的土体单元为例。

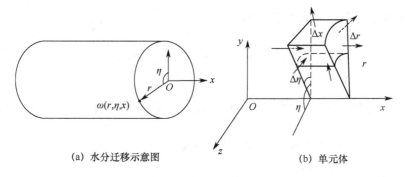

(a) 水分迁移示意图　　　　(b) 单元体

图 2.3　极坐标下的水分迁移示意图及单元体

假设 $D_{wr} = D_{w\eta} = D_{wx}$、$D_{vr} = D_{v\eta} = D_{vx}$,柱坐标中任一点由 3 个坐标给出,相对于 3 个方向的通量为

$$\begin{cases} q_r = \rho_l D_w \dfrac{\partial \theta}{\partial r} + D_v \dfrac{\partial \rho_v}{\partial r} \\ q_\eta = \dfrac{1}{r}\left(\rho_l D_w \dfrac{\partial \theta}{\partial \eta} + D_v \dfrac{\partial \rho_v}{\partial \eta}\right) \\ q_x = \rho_l D_w \dfrac{\partial \theta}{\partial x} + D_v \dfrac{\partial \rho_v}{\partial x} \end{cases} \qquad (2.29)$$

在 Δt 时段内,在 r 方向的流入量为 $q_r r \Delta \eta \Delta x \Delta t$,流出量为 $\left(q_r + \dfrac{\partial q_r}{\partial r}\Delta r\right)(r + \Delta r)\Delta \eta \Delta x \Delta t$,忽略高阶无穷小量,则流出量和流入量之差为

$$\left(q_r + r\frac{\partial q_r}{\partial r}\right)\Delta r \Delta \eta \Delta x \Delta t \qquad (2.30)$$

同理，在 η 方向的流出量和流入量之差为

$$\frac{\partial q_\eta}{\partial \eta}\Delta r \Delta \eta \Delta x \Delta t \qquad (2.31)$$

在 x 方向的流出量和流入量之差为

$$\frac{\partial q_x}{\partial x}r\Delta r \Delta \eta \Delta x \Delta t \qquad (2.32)$$

上述 3 个方向的水量差总计为

$$\left(q_r + r\frac{\partial q_r}{\partial r} + \frac{\partial q_\eta}{\partial \eta} + r\frac{\partial q_x}{\partial x}\right)\Delta r \Delta \eta \Delta x \Delta t \qquad (2.33)$$

单元体体积应为 $\left(r+\frac{\Delta r}{2}\right)\Delta r \Delta \eta \Delta x$，略去高阶无穷小量后为 $r\Delta r \Delta \eta \Delta x$，根据式（2.10），在 Δt 时间内单元体内水分变化量为

$$\frac{\partial^\alpha M}{\partial t^\alpha}r\Delta r \Delta \eta \Delta x \Delta t \qquad (2.34)$$

式（2.33）和式（2.34）相等，即

$$\rho_d \frac{\partial^\alpha \omega}{\partial t^\alpha} = \frac{q_r}{r} + \frac{\partial q_r}{\partial r} + \frac{1}{r}\frac{\partial q_\eta}{\partial \eta} + \frac{\partial q_x}{\partial x} \qquad (2.35)$$

将式（2.29）代入式（2.35），即

$$\rho_d \frac{\partial^\alpha \omega}{\partial t^\alpha} = \frac{1}{r}\left(\rho_l D_w \frac{\partial \theta}{\partial r} + D_v \frac{\partial \rho_v}{\partial r}\right) + \frac{\partial}{\partial r}\left(\rho_l D_w \frac{\partial \theta}{\partial r} + D_v \frac{\partial \rho_v}{\partial r}\right) + \frac{1}{r^2}\frac{\partial}{\partial \eta}\left(\rho_l D_w \frac{\partial \theta}{\partial \eta} + D_v \frac{\partial \rho_v}{\partial \eta}\right) + \frac{\partial}{\partial x}\left(\rho_l D_w \frac{\partial \theta}{\partial x} + D_v \frac{\partial \rho_v}{\partial x}\right) \qquad (2.36)$$

式（2.36）为极坐标系下基于时间分数阶的土体气、液迁移方程。

本书所进行的水分迁移试验不考虑重力的影响，并且假定土体各向同性，水

分只沿水平方向迁移，因此可以用一维情况来模拟计算。方程定解条件包括初始条件和边界条件。

初始条件表示为

$$\omega(x,0) = \begin{cases} \omega_i, & 0 \leqslant x \leqslant \dfrac{l}{2} \\ \omega_j, & \dfrac{l}{2} < x \leqslant l \end{cases} \quad (2.37)$$

其中，ω_i、ω_j 均为初始时刻的含水量；$0 \sim \dfrac{l}{2}$ 为土柱的湿段部分；$\dfrac{l}{2} \sim l$ 为土柱的干段部分。

边界条件表示为

$$\begin{aligned} \omega(0,t) &= \omega_0(t), \ 0 \leqslant t \leqslant Y \\ \omega(l,t) &= \omega_l(t) \end{aligned} \quad (2.38)$$

式中，Y 为迁移总时长。

在设计气态水迁移的试验时，为了避免液态水的参与，土柱的湿段和干段之间间隔了 10mm 的空气段，这种情况保证了水分只能以气态水形式迁移，但在湿段或干段内部却是气、液混合的。如果按照全程只考虑气态水迁移的含水量方程进行计算，那么势必与试验结果存在较大误差。在此分段进行含水量变化的数值计算，以保证每个阶段参数取值的准确性。

对迁移方程的数值计算，可以分为以下 3 个阶段。

（1）空气段。空气段整个截面只有水蒸气通过，时间分数阶土壤水分运动质量守恒方程为

$$\frac{\partial^\alpha M}{\partial t^\alpha} = -\nabla q = \nabla(D_v \nabla \rho_v) \quad (2.39)$$

作为单根均匀直径的孔隙，扩散系数取

$$D_v = \frac{2k_b^{1.5}T^{1.5}}{3\pi^{1.5}d^2 P_v m^{0.5}} \tag{2.40}$$

式中，T 为绝对温度（K）。在恒温条件下，土壤孔隙中的液态水和水蒸气有足够的时间凝结或蒸发，达到或接近平衡状态，故水蒸气始终处于饱和状态[27]。因此，在恒温条件下，水平土柱中土壤孔隙中的空气流动可忽略不计，可以认为土壤中的气体是停滞的。水蒸气密度由下式确定：

$$\rho_v = \frac{W_v P_v}{RT} \tag{2.41}$$

式中，W_v 为水的分子量（0.018kg/mol）；R 为通用气体常数（8.314J/mol·K）；P_v 为孔隙中的实际水蒸气压力。因此

$$\frac{\partial}{\partial x}\left(D_v \frac{\partial \rho_v}{\partial x}\right) = \frac{\partial}{\partial x}\left(D_v \frac{W_v}{RT}\frac{\partial P_v}{\partial x}\right) \tag{2.42}$$

Edlefsen 等[98]提出以下关系式来描述：

$$P_v = P_{v,sat} h_r \tag{2.43}$$

式中，$P_{v,sat}$ 为纯水饱和水蒸气压力[90]，取值见式（2.6）；h_r 为相对湿度。

$$h_r = \exp\left(-\frac{u_a - u_w}{461.5T}\right) \tag{2.44}$$

式中，$u_a - u_w$ 为基质吸力。

那么

$$\frac{\partial P_v}{\partial x} = \exp\left(49.334 - \frac{6651.946}{T} - 4.5407\ln T - \frac{u_a - u_w}{461.5T}\right) \\ \left\{\left[\frac{3.07\times 10^6 + (u_a - u_w)}{461.5T^2} - \frac{4.5407}{T}\right]\frac{\partial T}{\partial x} - \frac{1}{461.5T}\frac{\partial(u_a - u_w)}{\partial x}\right\} \tag{2.45}$$

$$D_v \frac{W_v}{RT}\frac{\partial P_v}{\partial x} = \beta T^{0.5}\left\{\left[\frac{3.07\times 10^6 + (u_a - u_w)}{461.5T^2} - \frac{4.5407}{T}\right]\frac{\partial T}{\partial x} - \frac{1}{461.5T}\frac{\partial(u_a - u_w)}{\partial x}\right\} \tag{2.46}$$

其中

$$\beta = \frac{2k_b^{1.5}W_v}{3\pi^{1.5}d^2m^{0.5}R} \tag{2.47}$$

则

$$\frac{\partial}{\partial x}\left(D_v \frac{W_v}{RT}\frac{\partial P_v}{\partial x}\right) = 0.5\beta\frac{\partial T}{\partial x}\left\{\left[\frac{3.07\times10^6 + (u_a - u_w)}{461.5T^{2.5}} - \frac{4.5407}{T^{1.5}}\right]\frac{\partial T}{\partial x} - \frac{1}{461.5T^{1.5}}\frac{\partial(u_a - u_w)}{\partial x}\right\} + \\ \beta T^{0.5}\frac{\partial}{\partial x}\left\{\left[\frac{3.07\times10^6 + (u_a - u_w)}{461.5T^2} - \frac{4.5407}{T}\right]\frac{\partial T}{\partial x} - \frac{1}{461.5T}\frac{\partial(u_a - u_w)}{\partial x}\right\} \tag{2.48}$$

当温度在 x 方向的变化量为 0 时，式（2.48）可简化为

$$\frac{\partial}{\partial x}\left(D_v \frac{W_v}{RT}\frac{\partial P_v}{\partial x}\right) = -\frac{\beta}{461.5T^{0.5}}\frac{\partial^2(u_a - u_w)}{\partial x^2} \tag{2.49}$$

（2）湿段。这部分土体处于脱湿过程中。对于液态水部分，扩散系数计算采用式（2.16）或式（2.17），在此将式（2.16）代入迁移方程式（2.15），液态水部分可得

$$\rho_l\frac{\partial}{\partial x}\left(D_w\frac{\partial\theta}{\partial x}\right) = \delta\rho_l\left(\frac{T}{T_0}\right)\left(\frac{\mu_{T_0}}{\mu_T}\right)\theta^\zeta \times \frac{\partial^2\theta}{\partial x^2} + \delta\zeta\rho_l\left(\frac{T}{T_0}\right)\left(\frac{\mu_{T_0}}{\mu_T}\right)\theta^{\zeta-1}\left(\frac{\partial\theta}{\partial x}\right)^2 \tag{2.50}$$

水蒸气在土壤中的扩散系数为

$$D_v = AD_{se} \tag{2.51}$$

那么水蒸气的迁移可以写为

$$\frac{\partial}{\partial x}\left(D_v\frac{\partial\rho_v}{\partial x}\right) = \frac{\partial}{\partial x}\left(AD_{se}\frac{W_v}{RT}\frac{\partial P_v}{\partial x}\right) \tag{2.52}$$

因此

$$\frac{\partial}{\partial x}\left(AD_{se}\frac{W_v}{RT}\frac{\partial P_v}{\partial x}\right) = \gamma\frac{\partial}{\partial x}\left(\frac{A}{P_v}\frac{\partial P_v}{\partial x}\right) = -\frac{\gamma}{461.5T}\left[\frac{\partial A}{\partial x}\frac{\partial(u_a - u_w)}{\partial x} + A\frac{\partial^2(u_a - u_w)}{\partial x^2}\right] \tag{2.53}$$

其中

$$\gamma = \frac{\beta T^{0.5}}{L_0^{2D_t-2}} \times \frac{\lambda_{\max}^{2D_t-D_p-2} - \lambda_{\min}^{2D_t-D_p-2}}{2D_t - D_p - 2} \tag{2.54}$$

式中，A 为水蒸气通过的土体截面积，是含水量的函数。在此对 A 的求导表示为

$$\frac{\partial A}{\partial x} = f(\omega) \times \frac{\partial \omega}{\partial x} \tag{2.55}$$

土壤基质吸力在 x 方向上的变化主要是由含水量 ω 的变化引起的，如果已知土壤的土水特征曲线（Soil Water Characteristic Curve，SWCC），那么

$$\frac{\partial (u_a - u_w)}{\partial \omega} = -\frac{1}{k} \tag{2.56}$$

式中，k 为 SWCC 切线对应的斜率。在湿段部分，k 应根据土水特征曲线脱湿曲线计算得出。将式（2.50）和式（2.53）联合，即为湿段液态水和气态水的总迁移量。

（3）干段。这部分土体主要处于吸湿阶段，为混合水迁移。迁移公式与湿段相同，但此阶段 k 应根据土水特征曲线吸湿曲线计算得出。

上述 3 个阶段水分迁移方程可以总结为

$$\frac{\partial^\alpha \omega}{\partial t^\alpha} = M \frac{\partial^2 \omega}{\partial x^2} + N \left(\frac{\partial \omega}{\partial x} \right)^2 \tag{2.57}$$

$$M = \begin{cases} \delta \rho_l \rho_d \left(\dfrac{T}{T_0} \right) \left(\dfrac{\mu_{T_0}}{\mu_T} \right) \theta^\zeta + \dfrac{\gamma A}{461.5 Tk}, & \text{土体段} \\ \dfrac{\beta}{461.5 T^{0.5} k}, & \text{空气段} \end{cases} \tag{2.58}$$

$$N = \begin{cases} \delta \zeta \rho_l \rho_d^2 \left(\dfrac{T}{T_0} \right) \left(\dfrac{\mu_{T_0}}{\mu_T} \right) \theta^{\zeta-1} + \dfrac{\gamma f(\omega)}{461.5 Tk}, & \text{土体段} \\ 0, & \text{空气段} \end{cases} \tag{2.59}$$

在混合水迁移试验中，在基质势的推动下，水分从湿段向干段迁移，水分迁移形式包括液态水和气态水。在进行数值计算时，与气态水迁移方程类似，但是

其中没有空气段，参数 M、N 按照式（2.58）和式（2.59）的土体段取值。需要注意的是，混合水迁移的土体有湿段和干段，两段处于脱湿和吸湿不同的过程，所以其参数 k 的取值有所不同。

2.4 本章小结

本章基于质量守恒定律及分数阶理论，从反常扩散的角度引入时间分数阶导数，推导了时间分数阶的气、液迁移方程。根据 Stokes-Einstein 方程和分形理论，探讨了考虑温度变化的液态水和气态水的扩散系数。最后，本章在一定的初始条件和边界条件下，分段（空气段、湿段和干段）探讨了在极坐标下的气、液迁移方程的数值解法。

第3章

试验用土土水特征及微观结构研究

土壤的物理指标描述了其基本特性,是衡量土壤工程性质的重要参数。根据后续试验的要求,本章测定了膨胀土的最优含水量、最大干密度、液限、塑限、粒径分布和膨胀特性。土水特征曲线是描述土壤吸力与含水量本构关系的函数曲线,它代表了土壤基质势随含水量的变化规律,有助于水分迁移机理的研究。

3.1 试验土样的基本物理特性

试验土样取自合肥市瑶海区,该区域四季分明,全年最高气温出现在 7 月至 8 月,月平均气温为 27.6~28.1℃,极端最高气温为 39.1℃,最低气温出现在 12 月至次年 2 月,月平均气温为 2.6~5.0℃,土样取自地表下 4m,土呈硬塑状态,且呈黄灰色、灰褐色。根据试验规程和相应规范[99-101],本章对土样进行了一系列基本物理指标和胀缩特性的测试,试验结果如表 3.1 所示。

表 3.1 膨胀土的物理指标和胀缩性特性试验结果

最大干密度/(g/cm³)	最优含水量/%	塑限/%	液限/%	塑性指数	自由膨胀率/%	膨胀力/kPa
1.84	15.5	23.2	48.8	25.6	55.0	61.0

1. 颗粒分析

根据《公路土工试验规程》(JTG 3430—2020),本次试验采用筛分法和密度计法相结合的方法。膨胀土的颗粒分析曲线如图 3.1 所示。

从图 3.1 中可以看出,$d_{60}=0.008$mm、$d_{30}=0.002$mm、$d_{10}=0.0002$mm,可以计算出不均匀系数 C_u 为 40,曲率系数 C_c 为 2.5,说明土粒不均匀、级配良好、容易击实。

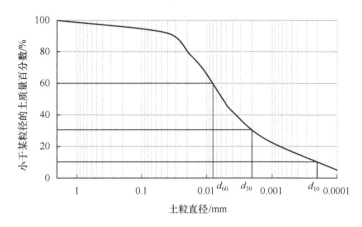

图3.1 膨胀土的颗粒分析曲线

2. 击实试验

击实试验可确定土的干密度与含水量的关系。确定最大干密度和最优含水量是研究土的击实特性的基本方法。本次试验采用轻型击实方式，并最终得到击实曲线，如图3.2所示。

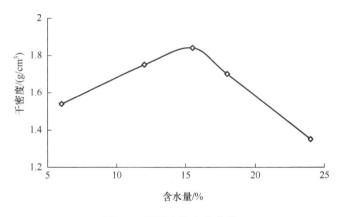

图3.2 膨胀土的击实曲线

3. 饱和度

饱和度与体积含水量的关系曲线如图3.3所示。由于所测范围有限，因此图中虚线部分为根据土水特征曲线残余含水量与饱和含水量推算所得。在实际工程中所遇到的非饱和膨胀土质量含水量一般在25%以下，土体根据埋深不同，饱和度有所不同。本次试验所测数据基本包括了实际工程中的非饱和土体含水状态，具有一定的工程参考价值。

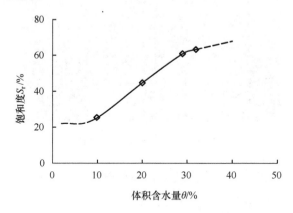

图 3.3　饱和度与体积含水量的关系曲线

4．矿物组成试验

膨胀土主要由黏土矿物和碎屑（石英、长石和云母等）组成，其亲水性、膨胀性等工程特性主要是由黏土矿物引起的。这里采用 X 射线衍射物相分析技术测定了试验用土的矿物组成和比例，结果如表 3.2 所示。

表 3.2　矿物组成和比例

蒙脱石/%	伊利石/%	高岭石/%	石英/%	云母/%	长石/%
26.3	10.4	7.3	25.1	10.2	20.7

3.2　土水特征曲线

土水特征曲线（SWCC）反映了土体基质势随含水量变化的规律，为水分迁移数值计算提供了重要参数[102]。本节采用的 GDS 非饱和土三轴仪（见图 3.4），设备由压力室、压力和体积控制器及数据采集系统组成。其中，计算机控制与数据采集系采用传感器和 GDSLAB 软件进行数据的传输与分析[103]。

图 3.4　GDS 非饱和土三轴仪

压力室分为内室和外室。内室装有样品和脱气水。外室与基础锚固，内有一定高度的水作为围压传递介质，如图 3.5 所示。

(a) 内室　　　　　　　　(b) 外室

图 3.5　压力室

压力和体积控制器由双通道气压控制器、反压控制器、轴压控制器 3 个部分组成，如图 3.6 所示。反压控制器控制土样的孔隙水压变化；轴压控制器则借助底座下的液压活塞施加轴向压力。在双通道气压控制器中，一个通道通过内室中的水向土样施加围压，另一个通道控制和测量土样的孔隙气压。双通道气压控制器与试样帽相连，再由试样帽上预留孔道将双通道气压控制器中的空气与试样孔隙气体连为一体，以测量、控制土样中的孔隙气压力和整个系统中的空气体积变化。孔隙水压力利用反压控制器提取或输送脱气水到土样中，从而模拟土样的除湿和吸湿过程[104]。通过各吸力平衡阶段土样的总体积和反向体积变化，计算各吸力平衡阶段土样的体积含水量。

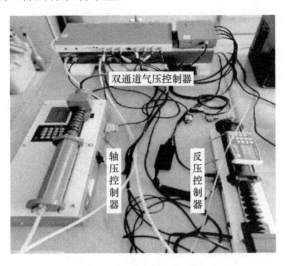

图 3.6 压力和体积控制器

SWCC 描述了基质吸力与体积含水量的关系，基质吸力的测定对研究非饱和土的 SWCC 具有重要意义[105-106]。试验利用压力和体积控制器的四维应力路径模块，保持土样围压、轴压和孔隙气压不变，通过调整孔隙水压，获得不同的基质吸力。反压控制器连接在压力室底部的陶土板上，用于测量和控制样品中的孔隙水压力与样品中孔隙水体积的变化。当样本两端控制的孔隙水压力与土壤样本中的孔隙水压力平衡时，样本中的吸力等于控制吸力。试验前，需要将陶土板和试样分别进行饱和处理。当陶土板完全饱和时，其自身的微孔将在陶土板表面形成收缩膜。收缩膜产生表面张力，防止空气通过陶土板。陶土板中的水将土壤中的孔隙水与测量系统中的水连接起来，因此陶土板在非饱和土与孔隙水压力测量系统之间起着接口作用。陶土板顶面承受孔隙气压力，底面承受孔隙水压力，两者之间的差值就是土壤样本的基质吸力。

在制样时，将土体碾压、烘干、过 0.5mm 筛并配制成含水量为 15.5%（最优含水量）的土。将配好的土分 3 次放于击实仪进行击实，采用轻型击实仪，每次夯击 27 下，每层土体质量尽量相同，接触面拉毛，然后进行脱模，按照直径 38mm、高度 80mm 进行裁切，制好的土样放入真空饱和器中饱和。最后将土样装入橡胶膜内，放入仪器底座，如图 3.7 所示。试样装好后，将压力室内充满脱气水，初步测量试样的基质吸力。具体试验基质吸力的设置如表 3.3 所示。

图 3.7 装试样

表 3.3 试验基质吸力的设置

试验阶段	孔隙气压 u_a/kPa	孔隙水压 u_w/kPa	基质吸力 ψ/kPa	说　明
1	0	0	0	饱和
2	500	495	5	饱和
3	500	450	50	脱湿
4	500	400	100	脱湿
5	500	350	150	脱湿
6	500	300	200	脱湿
7	500	200	300	脱湿
8	500	100	400	脱湿
9	500	200	300	吸湿
10	500	300	200	吸湿
11	500	400	100	吸湿

试验分为试样饱和、脱湿、吸湿阶段。通过控制反压控制器使土样进一步饱和，并且可以通过数据采集系统查验试样饱和状态。在脱湿阶段，土样中的孔隙水进入反压控制器；而在吸湿阶段，反压控制器向土样充水，使土样在饱和状态与非饱和状态之间过渡。试验开始，将轴向压力、围压和孔隙气压分别固定为 510kPa、505kPa 和 500kPa，通过改变孔隙水压来调节基质吸力。图 3.8 描述了反

向体积的变化，即样品中孔隙水的体积变化。图 3.8 中曲线首先短暂上升，这是样品的饱和阶段；然后反向体积逐渐减小，即土样不断失水，这是一个除湿过程；最后随着孔隙水压力的增加，反向体积变大直至稳定，这就是吸湿过程。

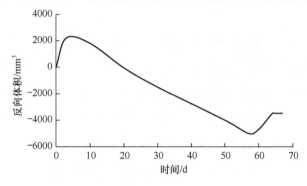

图 3.8 反向体积变化曲线

膨胀土的土水特征曲线如图 3.9 所示。试验进行了两次，受试验系统自身吸力测试范围的限制，本次试验只实现了非饱和膨胀土在基质吸力为 0～500kPa 范围内的土水特征曲线[107-108]。从图 3.9 中可以看出，土样体积含水量随基质吸力的增大而减小。脱湿和吸湿过程之间存在明显的滞回效应，在体积含水量相同的情况下，脱湿过程的基质吸力比吸湿过程明显增大，但当体积含水量在 32% 左右时，脱湿和吸湿过程的基质吸力基本相同。

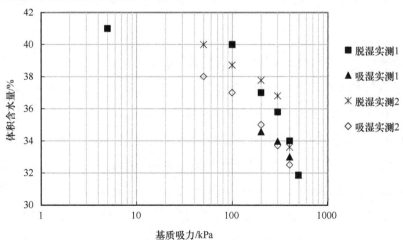

图 3.9 膨胀土的土水特征曲线

3.3 土水特征曲线预测模型

GDS 系统试验测得的土水特征曲线（SWCC）效果明显，但同时存在所需条件苛刻、耗时长和造价昂贵的缺点。要完全模拟非饱和土体干湿过程的土水特征，仅靠基质吸力与含水量之间相关的一系列离散点，具有一定的局限性。很多学者借助数学模型来模拟任意含水量变化路径下的土水特征关系，弥补了试验的缺陷，具有较大的工程意义。目前常用的数学模型包括 Brooks-Corey（BC）[81]、Van Genuchten（VG）[83,109]和 Fredlund-Xing（FX）[102]模型等。其中，BC 模型适用于粗粒土；FX 模型适用土类较广，但公式复杂、应用不便；VG 模型是描述土壤水分运动参数方程的经验模型，其线型与实测曲线非常相似，且其方程中的参数意义明确，得到了广泛应用[110-114]。VG 模型的基质吸力范围较广，能更好地拟合实际土水特征曲线的形状。VG 模型为

$$\frac{\theta-\theta_r}{\theta_s-\theta_r}=F(\psi)=\frac{1}{[1+(a_0\psi)^{n_0}]^{1-\frac{1}{n_0}}} \quad (3.1)$$

式中，θ_r 为残余体积含水量（%）；θ_s 为饱和体积含水量（%）；a_0 和 n_0 均为拟合参数值。

拟合软件[115-116]提供的非线性拟合函数 lsqcurvefit 可以完成 VG 模型的拟合。该拟合函数与非线性最小二乘函数的算法相同，但操作更简便。运用 lsqcurvefit，首先需要建立 M.file 文件，在 M.file 文件编辑窗口中，定义式（3.1）为向量函数 $F(x, \text{xdata})$，VG 模型的输入要按照函数默认格式进行；然后在命令窗口输入试验数据，并给出 θ_r、θ_s、a_0 和 n_0 这 4 个参数运算的初始值，执行 lsqcurvefit 函数命令，[Parameters, resnorm] = lsqcurvefit(@fun, Parameters0, xdata, ydata)，其中，xdata 和 ydata 是拟合点数据，Parameters 是初始参数，即可得出 4 个参数的拟合结果及残差平方和。如图 3.10 所示为 VG 模型模拟的土水特征曲线。拟合参数如表 3.4 所示。可以看出，非饱和膨胀土的脱湿过程与吸湿过程的土水特征曲线间存在明

显的滞回效应。产生滞回效应的主要原因是膨胀土孔隙分布不均匀。在吸湿、脱湿过程中,连通性好的孔隙容易进出水,小孔隙的进出水能力较弱。因此,在脱水过程中,小孔隙中的残余水比在吸水过程中多,因此吸力相同,脱湿过程中的含水量比吸湿过程中的含水量高。此外,孔隙水在浸入过程中面临"瓶颈"约束,导致在相同吸力下,吸湿过程的含水量小于脱湿过程的含水量。

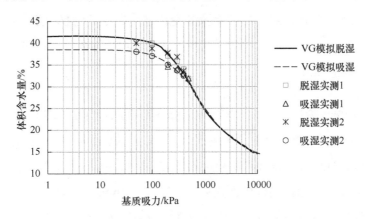

图 3.10　VG 模型模拟的土水特征曲线

表 3.4　拟合参数

拟合阶段	拟合参数			
	a_0/kPa^{-1}	n_0	θ_s	θ_r
脱湿	0.007	1.49	0.415	0.12
吸湿	0.009	1.51	0.385	0.13

两者的拟合残差平方和分别为 0.00049 和 0.000086,均小于 0.0005,说明脱湿和吸湿曲线拟合误差都非常小、精度较高。

3.4　非饱和膨胀土水分迁移的微观结构试验

微观结构图像是研究土壤内部特征的主要手段,主要包括颗粒和孔隙的大小与形状、排列与分布等基本信息。在过去的几十年中,土力学研究者通过大量的微观图像对土壤的微观结构进行了定量和定性的研究，并取得了一定的成果。然而，对非饱和土微观结构的研究主要集中在强度试验上，而对水分迁移后土体微观结构变化的研究尚未见报道。本试验采用 SU8020 场发射扫描电子显微镜对不同基质吸力下的非饱和膨胀土样品进行 SEM 图像扫描。为了更好地探讨非饱和膨胀土水分迁移与土壤微观结构的关系，采用 Image Pro Plus（IPP）图像分析软件对孔隙及颗粒形状进行分析，对结构要素及其变化规律进行了提取和量化。

3.4.1 试样制备

先向过 0.5mm 筛的干土中均匀洒水，配制成含水量为 18% 的土样，然后将配制好的土过 2mm 筛，将其中的颗粒剔除，最后装入密封塑料袋，静置 48h，保证其水分均匀性，复测含水量。将试验用的环刀（直径为 90mm，高 25mm）和 220g 配制好的土样放入轻型击实仪的圆筒内（内径为 102mm），轻轻晃动圆筒，使土体均匀平铺在筒内，然后采用自制的击实仪（底盘直径为 89mm）击实 6 次，再取出环刀，削平两端，如图 3.11 所示。将配制好的土样放入 FSTY-1 型非饱和土水特征曲线压力板仪试验系统，如图 3.12 所示。

图 3.11　制作土样

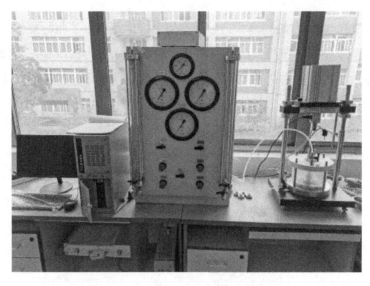

图 3.12 非饱和土土水特征曲线压力板仪

按照表 3.5 设置试验基质吸力，试验前将土样放入仪器中以基质吸力 5kPa 下饱和。对饱和的土样加载相应的基质吸力，稳定后取出，在水平和垂直方向上切取试样，并进行真空低温处理，将样品中所含水分抽干，打磨成尺寸约为 5mm×5mm×5mm 的土样，然后喷金。为了获得更好的光照效果，首先用空气吹净土样表面松散或脱落的细颗粒，然后用导电胶将土样固定在样品台上。

表 3.5 试验基质吸力的设置

样本	轴压 σ /kPa	孔隙气压 u_a/kPa	孔隙水压 u_w/kPa	基质吸力 ψ /kPa
A	300	50	0	50
B	300	100	0	100
C	300	200	0	200
D	300	300	0	300
E	300	400	0	400

3.4.2 微观定性分析

土样在不同基质吸力下的排水体变和轴向位移如图 3.13 和图 3.14 所示。从图中可以看出，每个土样在压力板仪系统内试验时间约为 1 周，土样在 5kPa 的基质吸力下，一般在 48h 内达到饱和。由于初始土样的基本物理指标相同，因此其饱和吸水路径基本相同。在相同轴压作用下，随着基质吸力的增加，土样的排水体变逐渐增加，土样的轴向位移也逐渐增加，这说明随着水分的排出，土样体积逐渐减小。

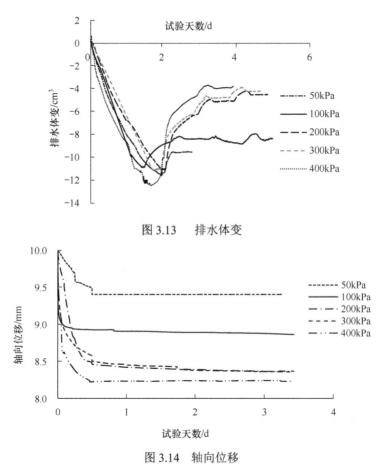

图 3.13　排水体变

图 3.14　轴向位移

不同基质吸力作用下样本的体积发生改变，其孔隙也会随之改变。如图 3.15 所示为孔隙比随含水量的变化，可以看出，孔隙比随含水量的增大而增大。对其进行拟合，公式如式（3.2）所示，其 R^2 为 0.9742。

$$e = 82.85\omega^2 - 34.46\omega + 4.17 \tag{3.2}$$

将式（3.2）代入式（2.18），即可求出孔隙所占土样的截面面积。

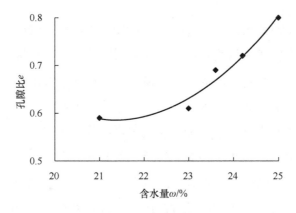

图 3.15 孔隙比随含水量的变化

为了更好地分析非饱和膨胀土水分迁移的运移机制与微观结构之间的联系，将膨胀土饱和后分别加载不同基质吸力下的试样通过场发射扫描电子显微镜拍摄的 SEM 微观照片呈现于图 3.16。根据 EDS 能谱分析，土中含有氧、硅、铝、镁、钠，其主要黏土矿物为蒙脱石。蒙脱石在结构单元体之间通常以"桥"的形式胶结颗粒，结构连接形式主要是接触连接和结合水连接。这种连接形式所产生的结构随着含水量的变化而转变。图 3.16（a）～（j）分别为不同基质吸力平衡后试样放大 1000 倍和 2000 倍的微观结构照片，图 3.16（k）～（l）分别为在基质吸力为 50kPa 和 400kPa 时放大 5000 倍的微观结构照片。从图 3.16 中可以看出，土样加载不同的基质吸力后，土样中的颗粒形态和孔隙分布有明显的不同。在图 3.16（a）、（b）、（k）中 50kPa 的基质吸力作用下，膨胀土中水分接近饱和，微观形态中存在大量片状大颗粒和椭圆形中小颗粒，土体表面比较平整，可以看出，该膨胀土样具有絮状、层流状结构，表面层小颗粒也在水的作用下逐渐和原先的土体形成一个整体。从图 3.16 中可以看出，个别区域还存在较大的孔隙和连通性较好的裂隙。当基质吸力达到 100kPa 时，由于水分的减少，土颗粒之间的连接力降低，新萌生的细小孔隙裂隙数量增多，孔隙连通性增强，主要表现为片状颗粒边缘的收缩孔隙和边—面结构颗粒之间的孔隙。这种结构特征是膨胀土具有特殊胀缩特性的基本格架。格架中的孔隙和裂缝是水体迁移的良好通道。随着基质吸力的增大，颗粒形态主要呈较小的粒状或扁平状，颗粒的接触方式也变成了以点—面接触和面—面接触为主，这主要是因为在较大的基质吸力下试样中颗粒发生重组，较大的片状结构变成了较小的粒状颗粒,它们相互交织堆叠,排列方向无固定趋势。此时,土样的微观结构整体表现较为松散,主要呈絮状结构及碎屑状结构,孔隙连通性良好,有利于水分的移动。随着水分的减少,颗粒的团聚作用增强,并逐渐发展为团聚结构单元体。这种伪粉性粒径的存在,使土壤颗粒之间存在毛细孔隙,含有一定量的结合水和毛细水。水分迁移的主要水量来源即在于此,同时构造单元之间的孔隙为水分迁移提供了便利的通道,从而导致水分的迁移。当基质吸力达到 400kPa 时,如图 3.16(i)、(j)、(l)所示,水分进一步减少,土颗粒之间的连接力降低,土样中敞口的中大孔隙逐渐闭合,新萌生的细小裂隙数量增多,孔隙分布逐渐向小孔隙裂隙过渡。孔隙间的连通性变差,水分迁移相对困难。从图 3.16 中可以看出,饱和土样在相同轴压、不同基质吸力下,其微观结构有着明显的变化。土样由絮状、层流状结构的颗粒形态变成蜂窝状、碎屑状结构,连通的大孔隙被压缩,逐渐被小孔隙或微小裂隙代替,这也是非饱和膨胀土在失水过程中体积明显减小的主要原因。以上分析表明,土样在受到不同基质吸力作用下的宏观变化,其实质是试样内部微细观的某种非线性、具有统计意义的叠加,其中微细观的变化主要包括大孔隙的闭合和消散、颗粒间形态的调整及重组,以及微小孔隙裂隙的萌生、扩展等。

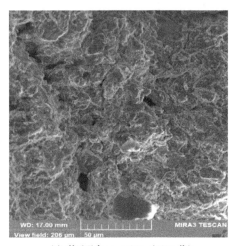 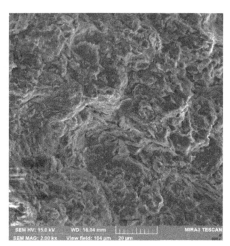

(a) 基质吸力 ψ =50kPa(1000倍)　　(b) 基质吸力 ψ =50kPa(2000倍)

图 3.16　膨胀土在不同基质吸力下的微观图

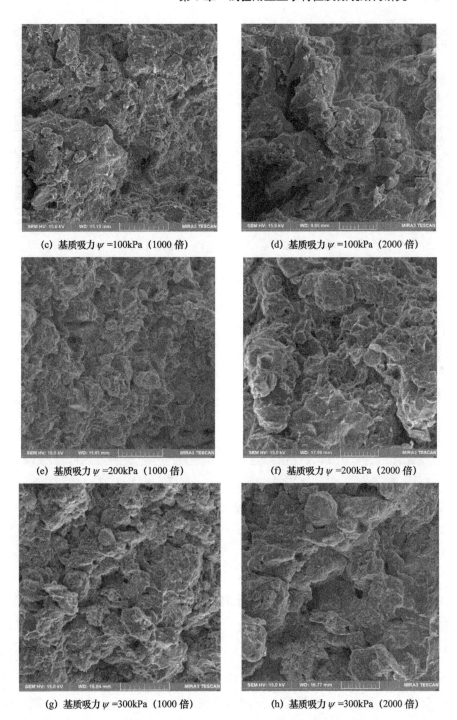

图 3.16　膨胀土在不同基质吸力下的微观图（续）

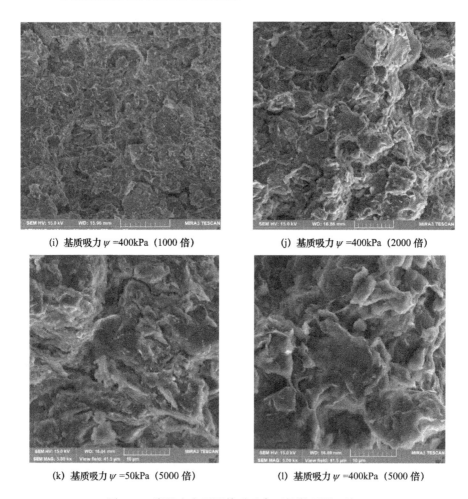

(i) 基质吸力 ψ =400kPa（1000倍）　　(j) 基质吸力 ψ =400kPa（2000倍）

(k) 基质吸力 ψ =50kPa（5000倍）　　(l) 基质吸力 ψ =400kPa（5000倍）

图 3.16　膨胀土在不同基质吸力下的微观图（续）

3.4.3　微观定量研究

IPP 主要用于定量分析非饱和膨胀土样品的微观结构特征参数，包括孔径、面积、颗粒形状和周长。具体方法为：第一，图像预处理，由于土样为非导电材料，导电材料喷涂不均匀，亮度不理想，因此可通过 IPP 菜单栏中的 Enhance 操作界面调整照片的亮度和对比度，通常可以使用中值处理；第二，选择阈值，在 IPP 中打开土壤样本照片后，先手动选择阈值，采用多人次将原始图像与分割后的图形进行比较，直到获得最佳的分割效果；第三，选择测量参数，确定阈值后，在测量中选择面积、周长和直径等参数；第四，在数据采集器中采集数据并将计算出的数据导入 Excel 表格。

1. 孔隙分布

相同初始状态的土样在相同环境中饱和后，分别施加相同的轴压（300kPa）、不同的基质吸力，土样孔隙直径分布及孔隙参数如表 3.6 和表 3.7 所示。将表 3.6 中的数据转换成条形图 3.17。为了更好地分析土壤孔隙参数的变化趋势，以 50kPa 基质吸力下的数值作为基准，其他基质吸力下的参数即可求出比值，所得结果如图 3.18 所示。从表 3.6 和图 3.17 中可以看出，土样的孔隙直径分布以中小孔隙为主，约占所有孔隙的 90%。这种孔隙不仅为土壤中毛细水的上升提供了通道，而且使大量的结合水有了存在的空间。随着基质吸力的增加，样本中微观结构不断调整，大孔隙数量不断减少，小孔隙比例增加，累计孔隙面积减小，这与之前的定性分析结果一致。当基质吸力达到 400kPa 后，试样内部直径大于 20μm 的孔隙消失，这表明大孔隙在水分减小时，以黏土矿物为胶结物的结构单元体之间的接触连接力和结合水连接力降低，颗粒间形态发生调整及重组。从表 3.7 和图 3.18 中可以看出，随着基质吸力的增大，孔隙平均面积、平均直径及平均周长均减小，而孔隙个数和分形维数逐渐增加，其形态不规则程度有所提高。这也表明了随着水分的降低，膨胀土中颗粒发生了重组，大孔隙逐渐被小孔隙及裂隙代替，孔隙体积也随之减小。

表 3.6　土样孔隙直径分布及累计孔隙面积

土样	孔隙直径的分布频率/%					累计孔隙面积/μm²
	<2μm	2~5μm	5~10μm	10~20μm	>20μm	
A	1.90	70.15	22.54	5.40	0.32	13434
B	4.52	68.93	21.47	5.08	0.28	12189
C	10.14	65.94	17.87	5.80	0.48	11685
D	6.60	69.57	19.36	4.47	0.21	10900
E	32.66	57.86	9.07	0.60	0	8983

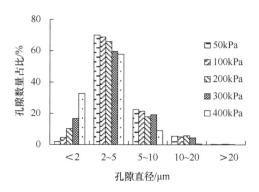

图 3.17 不同基质吸力下的土样孔隙直径

表 3.7 不同基质吸力下土样孔隙参数

土样	基质吸力 ψ /kPa	孔隙数量 /个	平均面积 $S/\mu m^2$	平均直径 $\lambda/\mu m$	最小直径 $\lambda_{min}/\mu m$	最大直径 $\lambda_{max}/\mu m$	平均周长 $P/\mu m$	分形维数
A	50	315	37.10	5.22	2.42	8.47	32.38	1.16
B	100	354	30.80	4.78	2.25	7.78	29.67	1.19
C	200	414	29.44	4.55	2.13	7.55	29.84	1.23
D	300	470	28.58	4.54	2.12	7.41	29.81	1.23
E	400	496	10.04	3.02	1.50	4.73	16.55	1.24

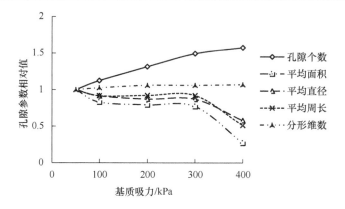

图 3.18 不同基质吸力下的孔隙参数

2. 微观结构形态

非饱和膨胀土的微观结构采用颗粒或孔隙扁平度 C、形状复杂度 e_b、定向频率 $P_i(a_b)$、定向概率熵 H_m 等参数来进行定量分析。

(1) 扁平度 C: 描述了土壤颗粒或孔隙在二维平面上的形态特征，是指观察窗口中短轴与长轴的比值，即

$$C = \frac{B}{L} \tag{3.3}$$

式中，B 和 L 分别为短轴、长轴（μm）。

(2) 形状复杂度 e_b: 通过离散指数描述颗粒（孔隙）的形状复杂度，其值越小，单位面积越紧凑，形状越简单。

$$e_b = \frac{P^2}{S} \tag{3.4}$$

式中，P 为颗粒（孔隙）的周长（μm）；S 为面积（μm^2）。

(3) 定向频率 $P_i(\alpha_b)$: 根据测量对象定向角的分布，用一定的角密度将其分成若干份，计算定向角落入每个区间的频率。

$$P_i(\alpha_b) = \frac{x_i}{X} \times 100\% \tag{3.5}$$

式中，x_i 为颗粒或孔隙长轴方向在第 i 个区间的数量；X 为颗粒或孔隙的总数；α_b 为颗粒（孔隙）最长弦所对应的方位角，一般取 $\alpha_b = 10°$。

(4) 定向概率熵 H_m: 表示颗粒（孔隙）排列的有序性，H_m 越小，表明有序性越好；H_m 越大，表明有序性越差。

$$H_m = -\sum_{i=1}^{Z} P_i(\alpha_b) \log_Z P_i(\alpha_b) \tag{3.6}$$

式中，Z 为颗粒（孔隙）排列方向的定向角区间数。

将表 3.8 和表 3.9 中的数据转换成条形图，如图 3.19 所示。由表 3.8、表 3.9 和图 3.19 可知，颗粒的复杂度低于孔隙的复杂度，随着基质吸力的增加，颗粒的复杂度从 22.18 降为 17.54，降低约 20%；孔隙的复杂度从 34.21 增加为 37.33，升高了约 8%。这说明随着含水量的降低，土颗粒的团聚作用增强，其形状趋向简单

化,其扁平度主要集中在 0.2~0.4 和 0.4~0.6,约占 80%,表明颗粒形态以扁椭圆状和近长条形为主,这种形态使土样的微观结构整体表现较为松散,孔隙连通性良好,有利于水分的移动。而孔隙的复杂度有所升高主要是由于随着基质吸力的增大,颗粒发生重组,连通的大孔隙逐渐被细小的孔隙裂隙所代替,长条状和近长条形状的孔隙比例由 50% 升高到 70%。

表 3.8　试样的孔隙特征参数

土样	孔隙扁平度 C 分布频率/%					形状复杂度 e_b
	0~0.2	0.2~0.4	0.4~0.6	0.6~0.8	0.8~1	
A	4.00	45.00	33.00	13.00	5.00	34.21
B	11.36	27.27	38.64	15.91	6.82	33.92
C	16.80	32.04	33.01	12.48	5.68	35.89
D	24.28	32.94	30.21	10.25	2.32	35.82
E	42.11	31.58	21.05	5.26	0	37.33

表 3.9　试样的颗粒特征参数

土样	颗粒扁平度 C 分布频率/%					形状复杂度 e_b
	0~0.2	0.2~0.4	0.4~0.6	0.6~0.8	0.8~1	
A	15.87	49.21	29.21	5.71	0	22.18
B	16.38	50.28	28.53	4.80	0	18.25
C	17.39	50.48	27.29	4.83	0	20.15
D	16.60	54.26	25.74	3.19	0.21	20.56
E	15.93	46.98	31.85	5.24	0	17.54

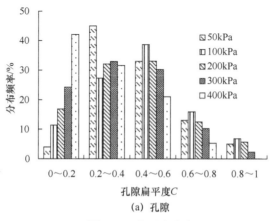

(a) 孔隙

图 3.19　扁平度分布

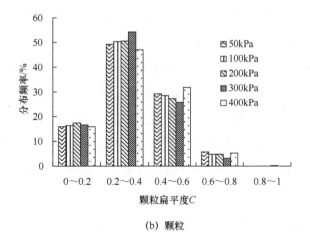

(b) 颗粒

图 3.19 扁平度分布（续）

图 3.20 和图 3.21 分别为膨胀土在不同基质吸力下的颗粒和孔隙定向频率分布图。从图 3.20 和图 3.21 中可以看出，试样在 50kPa 基质吸力下颗粒和孔隙概率分布均匀，排列杂乱无序，没有明显的定向性。随着基质吸力的提高，试样内部含水量降低，颗粒之间的胶结作用减小，继而调整自身的形态，土颗粒相互靠近、孔隙被挤压，其排列方向逐渐发生了变化，当基质吸力达到 400kPa 时，孔隙定向

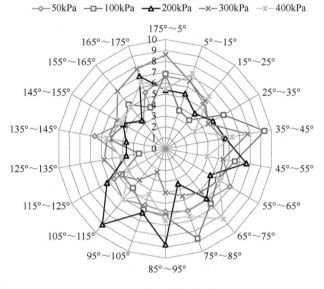

图 3.20 颗粒定向频率分布图

频率分布优势区间主要集中于 100°～110°、110°～120°，并且所占比例集中在 16%左右，而对于土颗粒，颗粒间随机杂乱分布，方向角依然较混乱，没有明显的定向性。定向概率熵 H_m 反映了土壤微观结构颗粒和孔隙的排列有序性。表 3.10 显示了非饱和膨胀土颗粒和孔隙的定向概率熵。从表 3.10 中可以看出，定向概率熵大于 0.85，颗粒和孔隙的排列整体上是无序的。颗粒的定向概率熵较大，表明取向不明显；孔隙的定向概率熵较小，表明取向良好。随着基质吸力的增加，孔隙定向概率熵不断减小，孔隙定向增强，由无序变为有序。这一结论与定向频率的分析结果是一致的。

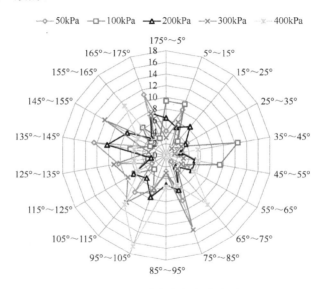

图 3.21 孔隙定向频率分布图

表 3.10 颗粒和孔隙的定向概率熵

土样结构	定向概率熵 H_m				
	50kPa	100kPa	200kPa	300kPa	400kPa
颗粒	0.995	0.984	0.985	0.987	0.990
孔隙	0.945	0.957	0.977	0.930	0.857

3.4.4 孔隙结构的三维模拟

为了形象地表达土体断面上的孔隙结构特征，可利用 IPP 对二值化的土体

SEM 图像进行空间转换和三维数字模拟操作。土体微观结构的三维模拟图如图 3.22 所示。从图 3.22 可以很清晰地看出，在基质吸力较低时，土样中的孔隙大且连通性比较好。随着基质吸力的增大，土样内的大孔隙逐渐闭合，连通性变差，逐渐被小孔隙和裂隙代替。

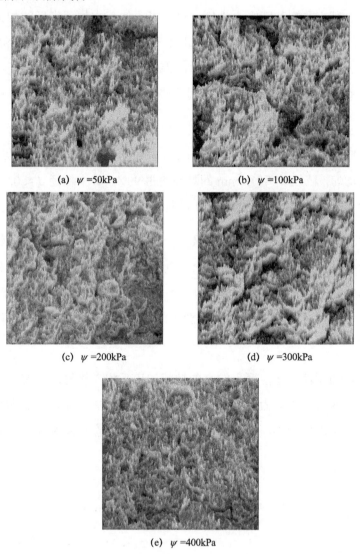

图 3.22 土体微观结构的三维模拟图

3.5　本章小结

本章以合肥市非饱和膨胀土为例,进行了土的基本物理指标的相关试验,得出了土的液限、塑限、最优含水量等基本物理指标参数,并利用非饱和土 GDS 三轴试验系统进行了土水特征试验。同时,为了研究饱和膨胀土水分迁移后微观结构的变化,本章利用 SEM 和 IPP 软件对其进行了定量和定性的分析,所得结果总结如下。

(1) 研究用土的最大干密度为 $1.84g/cm^3$,可塑性较好,具有弱膨胀性。其粒径分布较为均匀,粒径 $d \leqslant 0.05mm$ 的颗粒约占 90%,其中粒径 $d \leqslant 0.005mm$ 的黏粒含量约为 50%,体现出明显的黏质土特性。

(2) 本章对非饱和膨胀土在基质吸力为 0～500kPa 时进行了土水特征试验,并采用 Van Genuchten 模型进行了拟合。可以发现,脱湿过程和吸湿过程之间存在明显的滞回效应,当体积含水量相同时,除湿过程的基质吸力明显高于吸湿过程,但当体积含水量为 32%左右时,除湿过程的基质吸力与吸湿过程的基质吸力基本相同。

(3) 土体的颗粒形态主要呈较小的粒状和扁平状,接触方式有点—面接触和面—面接触。随着基质吸力的增加,试样中的大孔隙被压缩,由更多的微小孔隙和裂隙代替,含水量减小,颗粒间的胶结作用降低,颗粒发生重组,孔隙定向性增加。

第 4 章

考虑温度效应的非饱和膨胀土水分迁移试验研究

土体是由固、液、气三相组成的,如果水分在土体内没有达到平衡,就会发生迁移。非饱和膨胀土水分迁移包括两种形式:液态水和气态水。对于这两种迁移形式,哪个占主导地位,迁移水量所占比例是多少,迁移需要多长时间才能完成,这些都是试验所需要考虑的问题。已有的研究发现,非饱和膨胀土水分迁移主要受含水量梯度、初始含水量水平、温度、迁移时间及土质的影响。然而,非饱和膨胀土水分迁移是个缓慢的过程,在迁移过程中,土体内的三相比例关系也随之变化,各种影响因素对水分迁移的影响程度也会有改变。但是,以往的研究大多是在常温下进行的,没有考虑低温和高温对土体水分迁移的影响。

本章采用聚氯乙烯(PVC)管自制的试验装置分别来测验土体内气态水和气、液混合水的迁移。从温度、含水量梯度、迁移形式及迁移时间等因素分析非饱和膨胀土水分迁移的规律,为后续的数值分析提供试验数据。

4.1 试验方案

为了便于试验结果的对比和分析,试验方案如表 4.1 和表 4.2 所示。为了探究水分迁移过程中液态水和气态水的分配比例,本次试验分两种情况:气、液混合水迁移试验和气态水迁移试验。水分迁移试验装置如图 4.1 所示。每种试验分别考虑了土样在恒温 5℃、20℃、40℃及变温(15~25℃)下放置 30d 和 60d 后的水分迁移情况。PVC 管内土柱分两部分装入,考虑含水量梯度的影响,两部分土体在配制时,加入不同量的水分。其中,含水量较多的一段称为湿段,含水量较少的一段称为干段。

表 4.1 气、液混合水迁移试验方案

土样	湿段含水量/%	干段含水量/%	温度/℃	迁移时间/d
A_{11}			5	30
A_{12}			5	60
A_{21}	24	6	20	30
A_{22}			20	60
A_{31}			40	30

续表

土样	湿段含水量/%	干段含水量/%	温度/℃	迁移时间/d
A_{32}			40	60
A_{41}	24	6	15~20	30
A_{42}			15~25	60
B_{11}			5	30
B_{12}			5	60
B_{21}			20	30
B_{22}	24	12	20	60
B_{31}			40	30
B_{32}			40	60
B_{41}			15~20	30
B_{42}			15~25	60
C_{11}			5	30
C_{12}			5	60
C_{21}			20	30
C_{22}	24	18	20	60
C_{31}			40	30
C_{32}			40	60
C_{41}			15~20	30
C_{42}			15~25	60

表 4.2　气态水迁移试验方案

土样	湿段含水量/%	干段含水量/%	温度/℃	迁移时间/d
D_{11}			5	30
D_{12}			5	60
D_{21}			20	30
D_{22}	24	6	20	60
D_{31}			40	30
D_{32}			40	60
D_{41}			15~20	30
D_{42}			15~25	60
E_{11}			5	30
E_{12}			5	60
E_{21}	24	12	20	30
E_{22}			20	60
E_{31}			40	30

续表

土样	湿段含水量/%	干段含水量/%	温度/℃	迁移时间/d
E_{32}			40	60
E_{41}	24	12	15~20	30
E_{42}			15~25	60
F_{11}			5	30
F_{12}			5	60
F_{21}			20	30
F_{22}	24	18	20	60
F_{31}			40	30
F_{32}			40	60
F_{41}			15~20	30
F_{42}			15~25	60

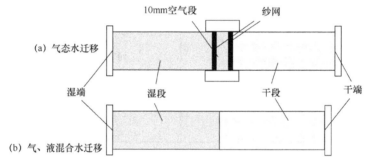

图 4.1 水分迁移试验装置

4.2 试验方法

4.2.1 试验装置

本次试验的装置包括恒温箱、PVC 管、烘箱、铝盒、小刀、不吸水细纱网、塑料盒、铁盘、尺子等。

（1）高低温试验箱由无锡市翼博凡环境试验设备有限公司生产，控温范围为−20~70℃，如图 4.2 所示。

图 4.2 恒温箱

(2) PVC 管土柱装置内径为 46mm、外径为 50mm、管总长为 400mm，先将两端进行封闭，再从中间将其截断成两半，在装入土样后，将两半管对接并密封，同时检测装置的密闭性。对于气态水迁移试验，将两半管对接并密封，两半管连接处预留 10mm 左右的空间，土样表层放置不吸水纱网，防止湿段、干段土样水平放置时坍塌，产生接触，影响试验结果。PVC 装置如图 4.3 所示。

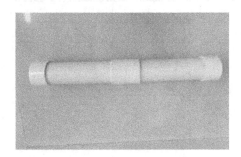

图 4.3 PVC 装置

4.2.2 土样制备

将所取土体晾干后，磨成粉状，放入 105℃烘箱内 24h，待土样被完全烘干后，过 2mm 筛后使用。根据试验要求计算所需用土和用水，配制的土样含水量分别为

24%、18%、12%和6%。在给土样加水时,尽量拌匀,将烘干土样平铺在铁盘内,均匀洒水,对于含水量为 24%的土样,由于用量较多,因此在配制时,分层平铺在铁盘内,每摊一层土均匀洒水一次,如图4.4 所示。

图 4.4　土样加水拌匀示意图

洒水完成后,充分拌匀,并且装入密封塑料袋,静置48h,保证其水分的均匀性。最后从塑料袋内不同位置取 6 个土样测量其含水量,取平均值作为初始含水量。由于此次试验用土量较大,耗时长,因此根据不同温度分批进行测试,每次配制的土样含水量会稍有差别,具体结果如表 4.3 和表 4.4 所示。

表 4.3　气、液混合水试验样本初始含水量

样本	初始含水量/%	
	湿段	干段
A_{11}		6.622
B_{11}		11.917
C_{11}	23.295	17.217
A_{12}		6.622
B_{12}		11.917
C_{12}		17.217
A_{21}		5.787
B_{21}	22.265	12.137
C_{21}		16.302
A_{22}		5.007
B_{22}	22.018	11.756
C_{22}		15.096

续表

样本	初始含水量/%	
	湿段	干段
A_{31}	22.266	5.781
B_{31}		11.665
C_{31}		15.614
A_{32}		5.781
B_{32}		11.665
C_{32}		15.614
A_{41}	21.503	6.001
B_{41}		10.881
C_{41}		16.007
A_{42}		6.001
B_{42}		10.881
C_{42}		16.007

表 4.4 气态水试验样本初始含水量

样本	初始含水量/%	
	湿段	干段
D_{11}	23.295	6.622
E_{11}		11.917
F_{11}		17.217
D_{12}		6.622
E_{12}		11.917
F_{12}		17.217
D_{21}	22.265	5.787
E_{21}		12.137
F_{21}		16.302
D_{22}	22.018	5.007
E_{22}		11.756
F_{22}		15.096
D_{31}	22.266	5.781
E_{31}		11.665
F_{31}		15.614
D_{32}		5.781
E_{32}		11.665
F_{32}		15.614

续表

样本	初始含水量/%	
	湿段	干段
D_{41}		6.001
E_{41}		10.881
F_{41}	21.503	16.007
D_{42}		6.001
E_{42}		10.881
F_{42}		16.007

4.2.3 气、液混合水迁移试验步骤

根据试验方案和试验方法，气、液混合水迁移试验需要 24 个 PVC 管。按照表 4.1 进行编号，然后根据表 4.1 中的数据分批分段装样。每个 PVC 管，前 200mm 装湿段土样，后 200mm 装干段土样，每段土样分 3 次装入。每装入 1 次，击实 3 次，并用尺子测量装土长度，尽量保证土样均匀密实，如图 4.5 所示。经过以上操作，PVC 管装满后，用专用胶水将端部密封，并测其密封性，如图 4.6 所示。湿段、干段含水量分别为 24%/6%、24%/12% 和 24%/18%，共 3 组，每组做 8 个土样。将这 8 个土样分 3 组分别放入温度为 5℃、20℃、40℃的恒温箱和 15~25℃的变温箱，待 30d 和 60d 后取出，按照提前设置好的位置进行取土，测其含水量分布情况，如图 4.7 所示。整个试验流程如图 4.8 所示。

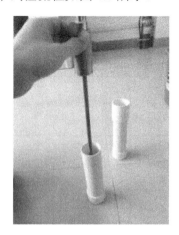

图 4.5 装样

第 4 章 考虑温度效应的非饱和膨胀土水分迁移试验研究

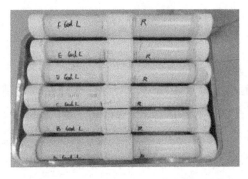
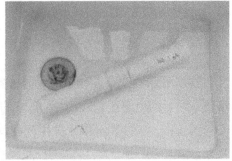

图 4.6 测试 PVC 管的密封性

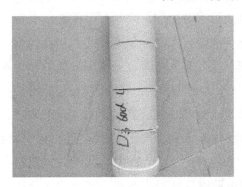

图 4.7 取土及测其含水量分布情况

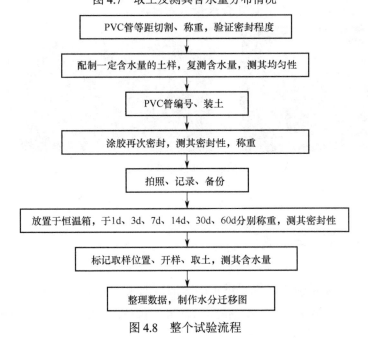

图 4.8 整个试验流程

4.2.4 气态水迁移试验步骤

在气态水迁移试验设计中,试验方案和试验步骤与气、液混合水迁移试验基本相同。两者的主要区别在于 PVC 管的设计,气态水试验 PVC 管,为了实现只有气态水迁移,干段和湿段土柱中间要间隔 10mm 的空气段,要用到纱网,干段土柱含水量较低,不容易击实,如果操作不慎,土柱容易坍塌与湿段土柱产生接触,造成试验失败,故土柱段要加纱网,操作上要比气、液混合水迁移试验稍复杂。在气态水迁移试验装样时,干段、湿段可同时操作,期间不可间断,缩短土样在空气中暴露的时间。其操作过程与气、液混合水装样基本相同,干段、湿段各分 3 次装入、3 次击实。土样装好后,采取事先裁剪好直径为 48mm 的纱网将其蒙住,做好支撑,用专用胶水将其固定,如图 4.9 所示。然后将干段、湿段土柱半管用连接管连接好,装样即完成。整个试验流程参照气、液混合水,气态水迁移试验同样采用了 24%/6%、24%/12% 和 24%/18% 3 种不同含水量梯度组合,每组做 8 个土样。将这 8 个土样分 3 组分别放入温度为 5℃、20℃、40℃的恒温箱和 15~25℃的变温箱,模拟在冬季、春秋季与夏季条件下非饱和膨胀土的水分迁移现象,待 30d 和 60d 后取出测其含水量分布情况。

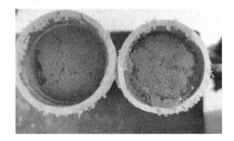

图 4.9　气态水迁移试验装置的纱网设置

4.3　试验结果与分析

土体经过上述试验方法放置规定的时间后取出,对于气、液混合水土样,自湿端起算,向内取 0.5cm、4cm、8cm、12cm、16cm、19cm、21cm、24cm、28cm、

32cm、36cm、40cm 共 12 个点,用锯齿拉开取土并测其含水量。对于气态水土样,自湿端起算,向内取 0.5cm、4cm、8cm、12cm、16cm、19cm、22cm、25cm、29cm、33cm、37cm、41cm 共 12 个点,用锯齿拉开取土并测其含水量。所得含水量如表 4.5~表 4.12 所示。

表 4.5 5℃时气、液混合水迁移结果(%)

土样	距湿端距离/cm											
	0.5	4	8	12	16	19	21	24	28	32	36	40
A_{11}	22.111	22.673	22.271	21.404	19.615	18.401	11.095	9.231	7.783	7.200	6.973	6.905
A_{12}	22.038	22.750	22.576	20.867	18.269	17.615	12.234	11.001	8.682	7.698	7.193	7.037
B_{11}	22.443	22.740	23.100	22.971	21.848	21.254	13.803	13.494	12.844	12.498	12.234	11.917
B_{12}	22.094	22.454	22.182	22.157	21.249	20.750	14.082	13.726	13.048	12.599	12.294	12.221
C_{11}	22.543	22.821	22.298	22.754	22.608	22.250	17.361	17.412	17.539	17.808	17.581	17.404
C_{12}	22.410	22.885	22.295	22.535	22.455	21.451	18.306	17.458	17.708	17.817	18.043	18.046

表 4.6 20℃时气、液混合水迁移结果(%)

土样	距湿端距离/cm											
	0.5	4	8	12	16	19	21	24	28	32	36	40
A_{21}	20.379	19.969	19.522	19.168	18.403	17.465	10.944	9.130	7.992	7.263	6.970	6.867
A_{22}	19.819	19.646	19.144	18.201	16.59	15.811	11.954	11.387	9.571	8.413	7.888	7.660
B_{21}	20.961	21.019	20.804	20.78	20.443	19.92	13.823	13.215	12.877	12.714	12.57	12.659
B_{22}	20.888	20.52	21.058	20.586	20.382	19.824	14.224	14.043	13.558	13.322	13.133	13.016
C_{21}	21.215	21.374	20.917	21.249	20.919	20.911	17.005	16.691	16.437	16.372	16.37	16.421
C_{22}	20.339	20.339	20.673	21.278	20.666	20.6	16.957	16.806	16.5	16.397	16.28	16.421

表 4.7 40℃时气、液混合水迁移结果(%)

土样	距湿端距离/cm											
	0.5	4	8	12	16	19	21	24	28	32	36	40
A_{31}	18.607	18.483	18.580	16.398	15.165	14.539	10.781	9.970	7.951	7.087	6.781	6.744
A_{32}	18.177	17.909	16.768	14.734	13.458	12.579	11.302	10.273	8.328	7.353	7.114	7.226
B_{31}	19.725	19.281	19.235	18.298	17.497	16.984	13.117	12.519	12.369	12.165	13.061	12.977
B_{32}	19.339	18.685	19.281	18.200	17.008	16.234	15.068	13.872	13.574	12.565	12.701	12.672
C_{31}	19.738	19.478	19.966	19.387	19.827	19.349	16.326	16.340	16.118	16.184	16.453	16.070
C_{32}	19.736	19.363	19.855	19.524	19.314	17.435	17.639	17.836	17.350	16.450	16.462	16.334

表 4.8　15～25℃时气、液混合水迁移结果（%）

土样	距湿端距离/cm											
	0.5	4	8	12	16	19	21	24	28	32	36	40
A_{41}	20.107	20.196	19.055	18.089	16.810	15.983	11.938	9.885	8.355	7.012	6.729	6.536
A_{42}	19.335	19.273	18.190	16.922	15.467	14.668	12.478	10.543	9.377	8.654	8.056	7.578
B_{41}	20.117	20.461	19.974	19.811	19.020	17.892	15.466	13.394	12.883	12.107	11.764	11.865
B_{42}	19.643	19.782	19.729	18.742	17.326	16.255	13.959	13.518	12.935	12.699	12.420	12.389
C_{41}	20.868	20.693	20.657	21.104	20.165	20.021	17.615	16.981	16.783	16.597	16.503	16.199
C_{42}	20.297	19.774	19.978	19.166	19.457	18.493	17.669	17.037	16.736	16.658	16.641	16.855

表 4.9　5℃时气态水迁移结果（%）

土样	距湿端距离/cm											
	0.5	4	8	12	16	19	22	25	29	33	37	41
D_{11}	23.069	22.675	22.410	22.099	20.967	19.576	9.904	8.023	7.300	6.889	6.869	6.784
D_{12}	23.029	22.768	22.126	21.292	18.892	20.371	11.302	9.906	8.251	7.170	6.946	6.789
E_{11}	22.257	22.758	22.522	22.824	21.935	21.492	13.127	12.612	12.374	12.164	12.134	12.093
E_{12}	23.071	22.274	22.161	22.106	21.175	20.544	13.310	13.128	12.495	12.231	11.975	11.968
F_{11}	22.786	23.085	22.976	23.202	22.511	22.349	17.345	17.258	17.580	17.515	17.363	17.279
F_{12}	22.585	23.034	22.820	22.461	21.798	22.348	17.508	17.598	17.596	17.803	17.914	17.756

表 4.10　20℃时气态水迁移结果（%）

土样	距湿端距离/cm											
	0.5	4	8	12	16	19	22	25	29	33	37	41
D_{21}	20.750	20.908	20.530	19.623	18.909	17.903	9.767	8.450	7.499	6.912	6.709	6.670
D_{22}	19.943	19.738	19.301	18.414	17.044	16.785	11.549	10.492	8.999	7.800	7.431	7.265
E_{21}	21.685	21.577	21.561	21.497	20.694	20.197	13.068	12.788	12.449	12.302	12.360	12.341
E_{22}	21.062	20.918	21.084	20.781	20.166	19.933	13.719	13.373	13.038	12.927	12.791	12.729
F_{21}	21.921	21.751	21.624	21.859	21.104	20.614	16.902	16.527	16.446	16.329	16.362	16.489
F_{22}	21.169	21.413	21.436	21.325	20.719	20.984	15.701	16.080	15.433	15.536	15.211	15.283

表4.11 40℃时气态水迁移结果（%）

土样	距湿端距离/cm										
	0.5	4	8	12	16	19	22	25	29	33	37	41
D_{31}	19.034	18.991	18.726	17.290	16.902	15.850	8.645	7.322	7.350	6.781	6.634	6.575
D_{32}	18.144	17.659	17.426	16.313	14.719	14.220	10.578	9.573	8.338	7.340	6.971	6.857
E_{31}	20.929	20.825	20.616	20.606	20.683	20.016	12.311	12.293	12.203	12.555	12.465	12.165
E_{32}	20.379	20.625	20.951	20.840	20.539	19.171	13.596	12.959	12.590	12.555	12.513	12.465
F_{31}	20.722	21.462	20.823	20.987	21.076	20.028	16.052	15.973	16.018	15.841	15.832	15.803
F_{32}	20.495	20.759	20.866	20.866	20.705	19.759	16.252	16.373	16.014	16.327	15.732	15.722

表4.12 15～25℃时气态水迁移结果（%）

土样	距湿端距离（cm）										
	0.5	4	8	12	16	19	22	25	29	33	37	41
D_{41}	20.435	20.449	20.127	19.261	17.699	17.111	9.737	8.784	6.803	6.379	6.156	6.477
D_{42}	19.634	20.274	19.539	18.156	17.158	15.305	10.665	9.844	8.578	8.094	7.594	7.462
E_{41}	20.552	20.747	20.252	20.049	19.221	18.858	13.087	12.784	12.629	12.430	12.069	11.741
E_{42}	20.364	20.479	19.837	18.945	18.314	17.573	13.631	13.132	12.733	12.135	11.728	11.689
F_{41}	21.017	20.796	21.333	21.078	20.560	20.298	16.750	16.223	16.732	16.152	16.399	16.753
F_{42}	20.192	19.901	20.060	19.864	20.244	19.153	16.962	16.393	16.848	16.307	16.396	16.903

4.3.1 气、液混合水

气、液混合水迁移包括液态水和水蒸气，即试验装置中间没有空气段，湿段和干段直接接触[见图4.1（b）]。

1. 含水量梯度对气、液混合水迁移的影响

考虑含水量梯度对水分迁移的影响，取含水量湿段和干段部分土样进行分析。

如图4.10所示为20℃时不同含水量梯度样本迁移30d的含水量变化。由图4.10可知，含水量梯度越大，含水量变化越明显。在初始含水量为24%/6%的A_{21}样本中，湿段含水量增加量$\Delta\omega$（最终含水量与初始含水量的差值）为-4.80%~-1.89%，干段含水量增加量$\Delta\omega$为1.08%~5.16%。可以看出，$\Delta\omega$最大值在干段和湿段的交接处，即距湿端 x=19cm、21cm 处。x=19cm 处的 $\Delta\omega$ 约为 x=0 处的 2.5 倍，x=21cm 处的 $\Delta\omega$ 约为 x=40cm 处的 4.8 倍。这一现象与 Fick 第二定律所描述的物质扩散特性一致，即物质的扩散浓度随着扩散距离的增大而变小，甚至在无穷大时，物质的扩散浓度为零。

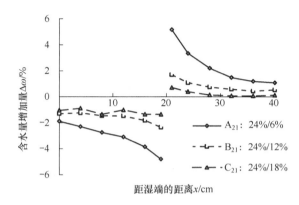

图 4.10　20℃时水分迁移 30d 的含水量变化情况

在 24%/12% 的 B_{21} 样本中，湿段 $\Delta\omega$ 为 -2.35%～-1.25%，干段 $\Delta\omega$ 为 0.52%～1.69%；而在 24%/18% 的 C_{21} 样本中，湿段 $\Delta\omega$ 为 -1.35%～-1.05%，干段 $\Delta\omega$ 为 0.07%～0.70%。从数据中可以看出，在含水量梯度最大的 A_{21} 样本中，水分迁移量最大，其水分迁移量约是 B_{21} 的 2 倍，是 C_{21} 的近 3 倍。而对于干段，A_{21} 的水分增加量也是最多的，B_{21} 次之，C_{21} 增加量最少，几乎无变化。本次试验设置了 24%/6%、24%/12% 和 24%/18% 3 种含水量梯度进行比较，由于干段含水量不同，因此 A_{21}、B_{21} 和 C_{21} 样本内的基质势不同，基质势越大的部位，水分迁移就越快，所以在干、湿段的接触部位，水分迁移现象明显且迁移量最大。在湿段内部，水分从端部向中间部位迁移，一段时间后，中间部位含水量较高。水分在从湿段向干段迁移的过程中，不断产生孔隙吸力，利用这种吸力将水分牵引过来，干段含水量少，迁移速度变缓，在中间部位产生水分的集聚，即含水量大于端点部位。

图 4.11 所示为 40℃时水分迁移的含水量变化情况。从图 4.11 中可以看出，与图 4.10 的变化趋势相同。含水量梯度（24%/6%）较大的样本，含水量变化最明显，尤其在湿段和干段的交接处。图 4.11（a）所示为迁移 30d 的含水量变化；在 A_{31} 样本中，湿段下降幅度占比 l（$\Delta\omega$ 的绝对值与初始含水量的比值）为 16.43%～

34.70%，而在 B_{31} 和 C_{31} 样本中，l 分别为 11.41%～23.72%和 10.33%～13.10%。可以看出，3 个样本中的湿段含水量下降都非常明显，均高于 10%，A_{31} 的含水量下降约为 B_{31} 的 1.5 倍，约为 C_{31} 的 2 倍。对于干段部分，A_{31} 的 $\Delta\omega$ 为 0.96%～5.00%，B_{31} 和 C_{31} 的 $\Delta\omega$ 分别为 0.50%～1.45%和 0.45%～0.72%。可以看出，A_{31} 样本干段含水量增加量比较明显，B_{31} 和 C_{31} 相对较少。对于图 4.11（b）所示的 60d 的水分迁移，存在同样的变化趋势。在 A_{32} 样本中，湿段的 l 为 18.36%～43.51%，而在 B_{32} 和 C_{32} 样本中，l 分别为 13.15%～27.09%和 10.83%～21.70%。可以看出，A_{32} 的含水量下降约为 B_{32} 的 1.5 倍，约为 C_{32} 的 2 倍。可见，不管迁移时间的长短，含水量梯度对水分迁移的影响非常明显。而且通过图 4.10 与图 4.11 比较可知，温度对含水量梯度在水分迁移中的作用有一定的影响，在 20℃时，含水量梯度对水分迁移的影响比 40℃时更明显。

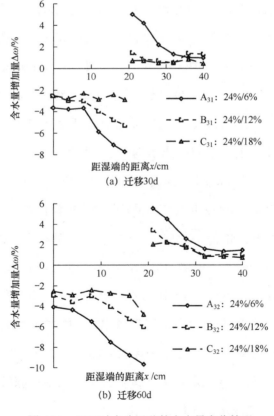

图 4.11　40℃时水分迁移的含水量变化情况

2. 迁移时间对气、液混合水迁移的影响

通常，水分迁移时间越长，迁移完成得越充分。然而，迁移所需时间与迁移速度有很大的关系，同时，迁移速度受土样含水量、温度等影响。因此，水分迁移所需时间在不同样本中存在差异。本次设置了其他因素相同、时间不同的对比试验，探索迁移量随时间的变化规律。从图4.11中可以看出，40℃时，60d的A_{32}样本迁移量比30d的增大30%；B_{32}和C_{32}样本同比增大15%。土柱在前30d内，迁移速度较快，迁移量占总迁移量的80%以上，随着迁移的进行，干段、湿段含水量差值不断减少；土柱在后30d，含水量变化较小，迁移速度变缓，迁移基本完成。

图4.12所示为20℃时不同迁移时间的含水量变化情况。图4.12（a）所示为含水量梯度为24%/6%时的变化。可以看出，当迁移30d时，湿段$\Delta\omega$为-4.80%~-1.89%，减少幅度占比l为8.47%~21.56%；干段$\Delta\omega$为1.08%~5.16%。当迁移60d时，湿段$\Delta\omega$为-6.20%~-2.19%，减少幅度占比l为9.99%~28.19%；干段$\Delta\omega$为2.65%~6.94%。经过比较，60d迁移量比30d迁移量增加20%；而在干段，含水量增加80%以上。图4.12（b）所示为含水量梯度为24%/12%时的变化，30d湿段$\Delta\omega$为-2.35%~-1.25%；干段$\Delta\omega$为0.52%~1.69%。60d湿段$\Delta\omega$为-2.49%~-1.20%；干段$\Delta\omega$为1.26%~2.46%。在湿段部分，迁移量随时间的变化不明显；但在干段部分，60d的含水量比30d的含水量增加100%。图4.12（c）所示为含水量梯度为24%/18%的C_{21}样本的情况，湿段$\Delta\omega$为-1.35%~-1.05%，l为4.72%~6.06%；干段$\Delta\omega$为0.07%~0.70%。60d的C_{22}样本湿段$\Delta\omega$为-1.67%~-0.74%，干段$\Delta\omega$为1.30%~1.86%。可以看出，C样本在干段部分，60d的$\Delta\omega$均比30d提高300%，这主要是因为在含水量梯度为24%/12%、24%/18%的干段部分的含水量接近最优含水量，土样比较密实，土中孔隙较小，水分迁移较慢，需要更多时间来完成水分迁移。

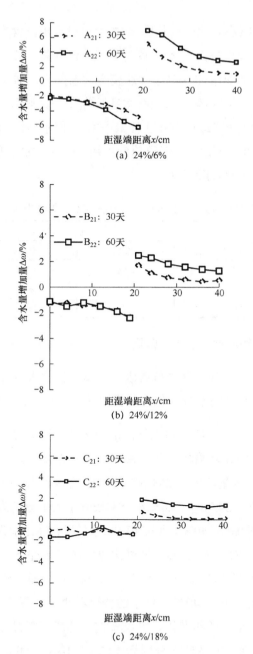

图4.12 20℃时不同迁移时间的含水量变化情况

对于气、液混合水迁移而言，当含水量梯度增大时，土样干段、湿段的基质势将增大，水分迁移量也将增大；而基质势会随迁移时间而减小，故水分迁移速度也会随迁移时间而减小。此外，从图 4.12 中可以看出，含水量的变化为非线性的，这可能与土样在长度方向上渗透系数存在差异有关，气、液混合水迁移量也会随着迁移时间的增加而增加，但迁移速度会逐渐降低。对于存在含水量梯度的土体，含水量高端的迁移速度较快，而含水量低端的迁移速度相对较慢。表 4.13 所示为气、液混合水 30d 迁移量在 60d 迁移量中所占比例。可以看出，30d 的迁移量所占比例比较高，尤其在高温下，迁移速度更快，15~25℃变温与 20℃恒温相比，前 30d 的迁移量所占比例有所下降。

表4.13 气、液混合水 30d 迁移量在 60d 迁移量中所占比例

含水量梯度	温度			
	40℃	20℃	5℃	15~25℃
24%/6%	80%	82%	85%	75%
24%/12%	91%	94%	65%	82%
24%/18%	86%	85%	78%	65%

3. 温度对气、液混合水迁移的影响

温度是影响土体中水分迁移的重要因素，本次试验采用 5℃、20℃、40℃和 15~25℃来模拟合肥四季的水分变化，分析温度对水分迁移影响的规律。

图 4.13 所示为 5℃、20℃和 40℃条件下的水分迁移情况。从图 4.13 中可以看出，在相同迁移时间和含水量梯度下，温度的变化对水分迁移的影响非常显著。图 4.13（a）所示为含水量梯度为 24%/6%的水分迁移变化。在 40℃时，湿段下降幅度占比 l 为 16.43%~34.70%，20℃和 5℃条件下的 l 分别为 8.47%~21.56%和 4.40%~21.01%；干段部分，40℃、20℃和 5℃条件下的 l 分别为 16.66%~86.49%、18.66%~89.11%和 4.27%~67.56%。经过比较，20℃条件下的迁移量约为 40℃条件下的 60%，5℃条件下约为 40℃条件下的 40%；而干段 5℃条件下约为 40℃条件下的 65%，20℃条件下和 40℃条件下的变化不明显。图 4.13（b）所示为含水量梯度为 24%/12%的水分迁移变化。在 40℃时，湿段下降幅度占比 l 为 11.41%~23.72%，20℃条件下和 5℃条件下分别为 5.59%~10.53%和 0.84%~8.76%；干段部分，40℃条件下、20℃条件下和 5℃条件下的 l 分别为 4.29%~12.45%、3.57%~13.89%和 0.04%~15.87%。当含水量梯度降低后，在湿段部分，20℃条件下水分迁移量为 40℃条件下的 40%，而 5℃条件下为 40℃条件下的 25%；在干段部分，

20℃条件下和 5℃条件下约为 40℃条件下的 80%。图 4.13（c）所示为含水量梯度为 24%/18%的水分迁移变化。在 40℃时，湿段下降幅度占比 l 为 10.33%～13.10%，20℃条件下和 5℃条件下分别为 4.00%～6.08%和 2.03%～4.49%；干段部分，40℃条件下、20℃条件下和 5℃条件下的 l 分别为 3.23%～4.65%、0.43%～4.29%和 0.84%～3.43%。当含水量梯度降低到 6%时，20℃条件下的迁移量为 40℃条件下的 40%，而 5℃条件下的迁移量是 40℃条件下的 25%。40℃条件下、20℃条件下和 5℃条件下的迁移量比值依然为 100∶40∶25。通过以上分析可知，温度对水分迁移的影响非常明显，在 A 样本中，40℃条件下、20℃条件下和 5℃条件下的迁移量比值为 100∶60∶40；而在 B、C 样本中，比值为 100∶40∶25。可见，温度对水分迁移的影响在含水量梯度越小的样本中，体现得越明显。图 4.13（d）、（e）、（f）所示均为水分迁移 60d 含水量变化。经分析，在 A 样本中，20℃条件下的迁移量约为 40℃

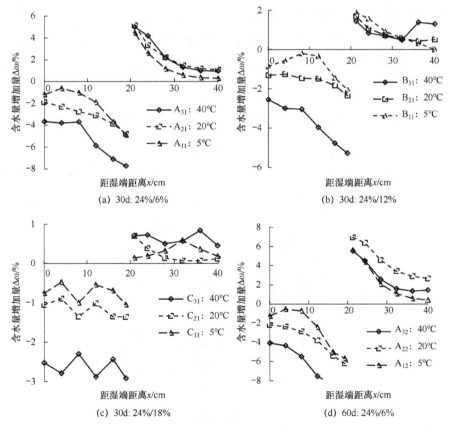

图 4.13 不同温度下的水分迁移情况

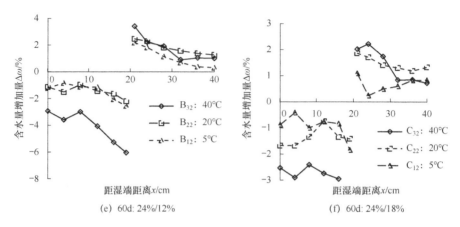

图 4.13　不同温度下的水分迁移情况（续）

条件下的 60%，5℃条件下的迁移量为 40℃条件下的 40%。在 B、C 样本中，5℃条件下和 20℃条件下的迁移量为 40℃条件下的 30%~45%。通过以上分析可知，随着迁移时间的增加，水分迁移量都在增加，但在含水量梯度较高的样本中，不同温度下的迁移量的比值基本没有变化。但在含水量梯度较低时，温度对水分迁移的影响也降低了。

根据当地往年的气温，合肥年平均气温为 20℃，春秋季月平均气温变化最大，相差约 5℃。故本次设置了 30 天 15~20℃、60 天 15~25℃变温情况与 20℃恒温情况下的对比。其中，变温情况是气温 T (℃)随时间 t (d)线性增加，即 $T=15℃+0.17t$。恒温与变温下的含水量变化如图 4.14 所示。

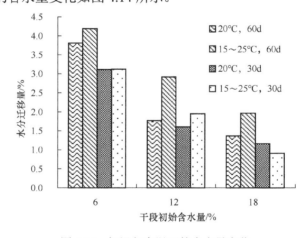

图 4.14　恒温与变温下的含水量变化

从图 4.14 中可以看出,变温情况下的水分迁移量与恒温相比,存在明显的差异。在水分迁移 30d 时,两者差异较小,无明显变化趋势。当水分迁移 60d 时,在干段含水量为 6%的样本中,恒温下的水分迁移量约为变温的 90%,差异较明显,而且在含水量梯度较小的样本中,两者的差异加剧,逐渐降为 60%~70%。这主要是因为外界气温的变化会引起土体内部温度分布不均,进而引起的温度差,使土体的水分迁移加快。温度分布不均在含水量梯度较小的工况中影响较大,而在含水量梯度较大的工况中,还是以基质势为主要的迁移动力,温度差对其的影响相对降低。

4.3.2 气态水

1. 含水量梯度对气态水的影响

图 4.15 所示为气态水迁移 60d 的含水量增加量。各样本湿段含水量均有所下降。其中,在干段初始含水量为 6%的模型中,含水量变化最大。但当初始含水量大于 12%时,变化值不明显。这可能是由迁移的非线性特性引起的,而且温度对这种变化趋势的影响不明显。干段初始含水量为 6%的样本迁移量为 12%和 18%的 2~3 倍。可见,含水量梯度是气态水迁移的重要影响因素。随着含水量梯度的提高,基质势将增大,导致总迁移量增大。同时因为土样干段部分中气体占据着大量孔隙,所以气态水的迁移所占比例较大。

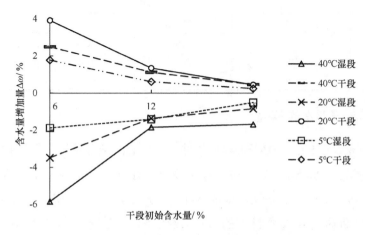

图 4.15 气态水迁移 60d 的含水量增加量

2. 迁移时间对气态水的影响

图4.16所示为20℃条件下水分迁移30d和60d的含水量变化情况。经过比较，干段初始含水量为6%的样本60d迁移量比30d增加40%左右。在含水量为12%和18%的样本中，60d比30d迁移量增加30%和7%。可见，含水量梯度较低的样本在30d内迁移基本完成，而含水量梯度较高的样本，则需要更长的时间才能完成迁移。表4.14所示为气态水30d迁移量在60d迁移量中所占比例。从表4.14可以看出，30d的迁移量所占比例都在60%以上，说明气态水迁移主要在30d内完成。

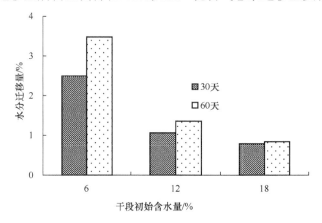

图4.16　20℃条件下水分迁移30d和60d的含水量变化情况

表4.14　气态水30d迁移量在60d迁移量中所占比例

含水量梯度	温度			
	40℃	20℃	5℃	15~25℃
24%/6%	76%	72%	80%	62%
24%/12%	90%	78%	71%	82%
24%/18%	84%	93%	95%	60%

3. 温度对气态水的影响

图4.17所示为5℃、20℃和40℃条件下的气态水迁移情况。图4.17（a）所示为含水量梯度为24%/6%下的迁移30d的变化。在40℃时，湿段含水量平均下降4.47%，20℃和5℃条件下湿段含水量下降分别为2.49%和1.50%。经过比较，20℃条件下的迁移量约为40℃条件下的60%，5℃条件下的迁移量约为40℃条件下的40%。可见，温度的变化对土体气态水的迁移影响非常明显。图4.17（b）所示为含

水量梯度为 24%/12%下的迁移变化。在 40℃时，湿段含水量平均下降 1.65%，20℃和 5℃条件下湿段含水量下降分别为 1.06%和 0.99%；干段部分，40℃、20℃和 5℃条件下含水量增加量分别为 0.66%、0.41%和 0.50%。图 4.17（c）所示为含水量梯度为 24%/18%下的迁移变化。在 40℃时，湿段含水量下降 1.42%，20℃和 5℃条件下湿段含水量下降分别为 0.78%和 0.47%；干段部分，40℃、20℃和 5℃条件下含水量增加量分别为 0.31%、0.21%和 0.17%。当含水量梯度降低到 6%时，在湿段部分，20℃条件下迁移量为 40℃条件下的 50%，而 5℃条件下为 40℃条件下的 30%；在干段部分，随着温度的增加，含水量变化也在增加。通过以上分析可知，在含水量梯度较大的样本中，温度对水分迁移的影响也越大。40℃条件下比 20℃条件下含水量平均多降低 1.06%，比 5℃条件下平均多减少 1.52%。但对于干段部分，温度越高，含水量增加量越多，但并没有湿段部分那样明显的变化趋势。原因可能是干段部分土体含水量差别比较大，在装土压实的过程中，密实度存在一定的差异。

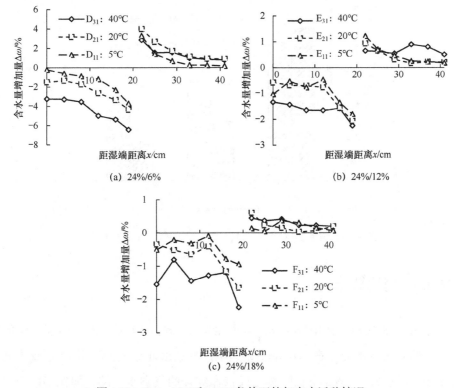

图 4.17　5℃、20℃和 40℃条件下的气态水迁移情况

通过以上分析可知，温度的变化对土体内气态水迁移有很大的影响，尤其是湿段部分，在高温的情况下，含水量降低比较明显，但对于干段部分，含水量的迁移受温度的影响较小，一方面，因为气态水迁移模型中间有长10mm的空气段，湿段迁移出的水分一部分停留在空气段部分，流入干段的气态水相对变少；另一方面，在气态水迁移中，干段部分的密实度和孔隙的连续性对水分的迁移影响更大，呈现非线性变化。

图4.18所示为恒温20℃和变温15～25℃下的气态水迁移情况。在含水量梯度较大的情况下，两者差距不明显，随着含水量梯度的降低，变温情况下的迁移量明显高于恒温情况，且两者的差异随含水量梯度的降低而加剧。在干段含水量为18%时，恒温的平均迁移量约为变温的50%。可见，气候温度的变化对非饱和土体内的水分迁移影响比较显著。

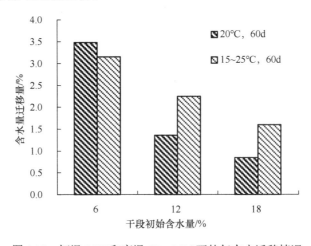

图4.18　恒温20℃和变温15～25℃下的气态水迁移情况

4.3.3　对比分析

为了分析非饱和土体中气态水迁移与液态水迁移的关系，本节做了大量的对比试验。需要说明的是，在本次试验设置中，气态水迁移试验采用PVC管中间设置10mm空气带，干段、湿段土体之间依靠纯粹的气态水迁移，但在干段或湿段内部，依然是气、液混合水迁移的。

图 4.19 所示为 40℃条件下迁移 60d 的气态水和气、液混合水迁移结果。从图 4.19（a）中可以看出，对于含水量梯度为 24%/6%的样本 A_{32} 和 D_{32}，气态水迁移的 $\Delta\omega$ 与气、液混合水迁移 $\Delta\omega$ 十分接近。气态水占气、液混合水迁移量的比例较大，水分迁移的主要形式是气态水迁移。气、液混合水湿段的含水量平均降低 6.66%，干段的含水量平均增加 2.82%；而气态水湿段的含水量平均降低 5.79%，干段的含水量平均增加 2.49%，气态水在气、液混合水迁移量中所占比例约为 87%。对于初始含水量为 6%的干段土体，其液态水大部分为结合水，自由水所占比例很小。液态水分受黏土矿物颗粒作用力较强，从而难以移动，所以此时水分迁移主要是气态水迁移，气态水迁移占绝对主导地位。图 4.19（b）中含水量梯度为 24%/12%，从试验结果对比可以看出，气态水迁移量占气、液混合水迁移量的比例明显降低。气、液混合水的湿段含水量平均降低 4.14%，干段含水量平均增加 1.74%；气态水湿段含水量平均降低 1.66%，干段含水量平均增加 1.15%，气态水迁移量占气、液混合水迁移量的比例约为 40%。这一比例明显小于样本 A_{32} 和 D_{32}。当土体含水量较大，含有较多易于迁移的液态水时，则液态水迁移量占总混合水迁移量份额有所增大，气态水迁移量所占份额相对减小。图 4.19（c）中含水量梯度为 24%/18%，气、液混合水湿段平均迁移量为 3.06%，干段含水量平均增加量为 1.32%；而气态水分别为 1.69%和 0.45%，气态水迁移量约为气、液混合水的 36%，随着干段含水量变大，此段所能移动的气态水所占比例相对缩小。可见，在 40℃时，含水量梯度越大，气态水在气、液混合水迁移中所占比例则越大。

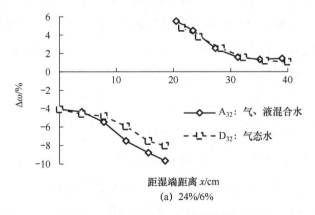

(a) 24%/6%

图 4.19　40℃条件下迁移 60d 的气态水和气、液混合水迁移结果

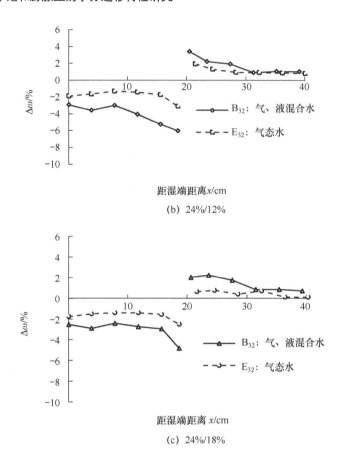

图 4.19 40℃条件下迁移 60d 的气态水和气、液混合水迁移结果（续）

图 4.20 所示为 5℃条件下迁移 60d 的气态水和气、液混合水迁移结果。对于样本 A_{12} 和 D_{12}，气、液混合水湿端平均迁移量为 2.61%，干段平均增加量为 2.35%；气态水湿端平均迁移量为 1.88%，干段平均增加量为 1.77%。气态水迁移量占气、液混合水迁移量的比例约为 72%。对于样本 B_{12} 和 E_{12}，气态水占气、液混合水迁移量的比例约为 60%。对于样本 C_{12} 和 F_{12}，气态水迁移量约占气、液混合水迁移量的 30%。

根据图 4.19～图 4.20，5℃和 40℃两种不同温度试验比较，随着温度的降低，无论是气态水还是气、液混合水，迁移量均在降低。在含水量梯度较大（18%）时，40℃条件下的气态水所占比例在 70%以上，但在 5℃条件下，气态水所占比例降低了约 20%。这是因为 5℃接近冰点，水分多以液态的形式存在，形成气态水的比例降低，所以迁移量减少。当含水量梯度降低时，尤其在 24%/18%的样本中，孔隙多被液态水充填，液态水的迁移增大，温度对气态水所占比例的影响降低。

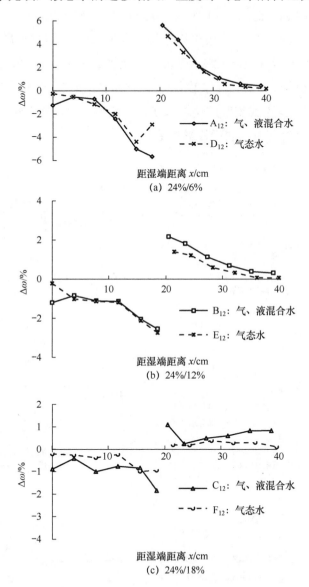

图 4.20　5℃条件下迁移 60d 的气态水和气、液混合水迁移结果

图 4.21（a）～（c）所示为 20℃条件下膨胀土 30d 的气态水和气、液混合水迁移结果。样本 A_{21} 湿段平均迁移量为 3.11%，干段平均增加量为 2.40%；样本

D_{21} 湿段平均迁移量为 2.49%，干段平均增加量为 1.88%。气态水占气、液混合水迁移量的比例约为 73%。样本 E_{21} 为样本 B_{21} 迁移量的 50%；样本 F_{21} 为 C_{21} 迁移量的 42%。图 4.21（d）～（f）所示为 15～20℃膨胀土 30d 的气态水迁移和气、液混合水迁移结果。样本 A_{41} 湿段平均迁移量为 3.13%，干段平均增加量为 2.41%；样本 D_{41} 湿段平均迁移量为 2.32%，干段平均增加量为 1.38%。气态水占气、液混合水迁移量的比例约为 74%。样本 E_{41}、F_{41} 为样本 B_{41} 和 C_{41} 迁移量的 79% 和 71%。可见，变温情况比恒温 20℃时的气态水在气、液混合水迁移中的比例有所增加，这说明温度的变化对气态水的迁移影响更大。

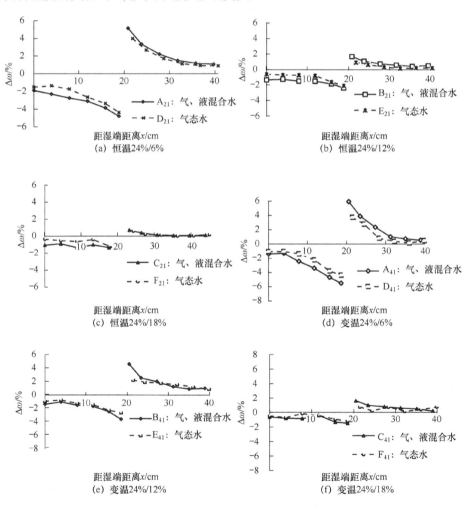

图 4.21　20℃恒温和 15～20℃变温迁移 30d 的气态水和气、液混合水迁移结果

经以上分析可知，非饱和土水分迁移中气态水迁移是不可忽视的。在某些情况下，气态水迁移起主导作用。尤其当干段含水量较小时，水分迁移主要以气态水形式进行。气态水占气、液混合水迁移量的比例与含水量梯度密切相关。若含水量梯度相对较大，则气态水所占比例将越大；相反，当两段土体含水量梯度较小时，气态水迁移量所占比例将减小。由于上述气态水和液态水迁移完成速度不同，因此气态水占气、液混合水迁移量比例还随温度和时间的不同而变化。在含水量梯度较大的情况下，随着时间的增加，气态水迁移量所占比例有所增加。但在含水量梯度较小时，随着时间的增加，气态水迁移量所占比例降低。具体数据如表 4.15 所示。

表 4.15 气态水在气、液混合水迁移中所占比例

含水量梯度	迁移时间/d	温度/°C			
		40	20	5	15~25
24%/6%	30	81%	73%	57%	74%
24%/12%	30	41%	50%	55%	79%
24%/18%	30	50%	42%	62%	71%
24%/6%	60	87%	90%	72%	75%
24%/12%	60	40%	70%	60%	87%
24%/18%	60	36%	33%	30%	81%

4.4 本章小结

本章采用自制的试验装置分别测验了土体内气态水和气、液混合水的迁移。从温度（5℃、20℃、40℃和 15~25℃）、含水量梯度（24%/6%、24%/12%和24%/18%）、迁移形式及迁移时间（30d 和 60d）等因素来分析非饱和膨胀土的水分迁移规律。本书共设置了 48 种不同迁移条件下的试验，其中，对于气态水的迁移，试验模型中的湿段与干段之间设置了 10mm 的空气段，即湿段向干段迁移的过程中，只能以气态水的形式进行，以此来区分气态水和气、液混合水的迁移。所得结果总结如下。

（1）在气、液混合水迁移中，含水量梯度、温度和迁移时间对迁移量均有显著的影响。但不管在哪种试验条件下，含水量变化最大的区域均位于湿段与干段的接触部位。随着含水量梯度的增大，迁移量也随之增多。含水量梯度18%的迁移量是含水量梯度为12%的1.5～2倍，是含水量梯度为6%的2～3倍；同时，温度对含水量梯度在水分迁移中的作用有一定的影响，低温时含水量梯度对水分迁移的影响比40℃时更明显。经分析可知，30d的水分迁移量在60d的总迁移量中所占比例基本都在75%以上，而且高温下所占比例更高，这说明水分迁移主要在30d内完成。在一般情况下，20℃条件下的迁移量为40℃条件下的40%～60%；5℃条件下的迁移量为40℃条件下的25%～40%，恒温（20℃）条件下的迁移量为变温（15～25℃）条件下的74%。可见，温度对水分迁移的影响不容忽视。

（2）气态水在非饱和膨胀土水分迁移中起着非常重要的作用。当含水量梯度较大时，水分迁移主要以气态水的形式进行。在含水量梯度为18%的样本中，水分迁移量是含水量梯度为12%和6%的2～3倍。在相同的温度下，含水量梯度为18%的样本60d比30d的迁移变化量增加30%～40%，含水量梯度为12%的样本同比增加10%～30%，而含水量梯度为6%的样本迁移量增加7%～10%。可见，含水量梯度为6%的样本在30d内迁移基本完成，而含水量梯度较大的样本，则需要更长的时间才能完成迁移。另外，在相同的含水量梯度和迁移时间下，20℃条件下的迁移量为40℃条件下的50%～60%；5℃条件下的迁移量为40℃条件下的30%～40%，恒温（20℃）条件下的迁移量约为变温（15～25℃）条件下的80%。

（3）气态水在气、液混合水迁移中所占比例同时受温度、时间和含水量梯度大小的影响。在含水量梯度为18%的样本中，气态水所占比例在57%以上，且随着时间的增加和温度的升高，气态水迁移量所占比例有所增加；在含水量梯度为12%的样本中，气态水所占比例不低于40%；在含水量梯度为6%的样本中，气态水所占比例不低于30%，随着时间的增加，气态水迁移量所占比例有所下降。

第 5 章

非饱和膨胀土水分迁移的分子动力学研究

膨胀土是由母岩的物理和化学风化作用，以及水流的输送和分离而产生的，其成分包括黏土矿物和碎屑（石英、长石和云母）。黏土矿物主要为蒙脱石、伊利石和高岭石，它们是决定土的"黏土特性"的主要物质基础，也是控制膨胀土工程性质的重要内在因素。

表 5.1 所示为 3 种黏土矿物的基本特性。从表 5.1 中可以看出，黏土矿物的颗粒较细小，比表面积大，其中，蒙脱石的当量直径和厚度最小，单位质量表面积约为伊利石的 10 倍、高岭石的 80 倍。单位质量表面积越大，就意味着黏土矿物表面能相对越强，其对周围的水分子、离子及微粒杂质等产生吸附作用也越大。这种吸附特性决定着土体的物理力学特性。由于水是极性分子，因此它不仅被黏土矿物吸附在颗粒表面，而且存在于黏土矿物的晶胞之间。蒙脱石的吸附能力很强。在蒙脱石充分吸水后，其体积膨胀率可达 14 倍，比其自身质量大 5 倍。这也是非饱和膨胀土遇水膨胀、失水收缩的主要原因。同时，黏土矿物表面带负电荷，与土颗粒周围吸附的正电荷一起构成双电层。这样在土粒周围形成电场及复杂的离子吸附与交换活动，使土的工程性质发生变化[117-118]。

表 5.1　3 种黏土矿物的基本特性[117-118]

黏土矿物	颗粒形状	当量直径/mm	厚度/nm	单位质量表面积/($m^2 \cdot g^{-1}$)	液限/%	塑限/%
蒙脱石	片状	50	0.1	800~1000	100~900	50~100
伊利石	片状	500	10	60~100	60~120	35~60
高岭石	片状	500~1000	50	10~20	30~110	25~40

因此，非饱和膨胀土是地质灾害与工程灾害问题的重点处理和防治对象。其核心问题在于黏土矿物与水的相互作用，土体中水含量和迁移对其可塑性、抗压、抗剪强度等力学特性都有影响。传统试验的方法已经对黏土矿物与溶液的相互作用造成宏观特性改变进行了一系列的研究，但由于黏土成分复杂、晶体中存在缺陷和无序性，以及分子动力学的不稳定性，因此试验方法无法考虑到体系中的每个原子，也难以准确地表征黏土与溶液的相互作用机理[119-120]。随着近年来计算机技术的发展，设备和算法都在不断优化提升，采用计算机进行数值模拟的新方法不断

出现[121-122]。其中，分子模拟法明确地考虑了系统中的每个原子，能够精确地描述黏土表面水分子、离子浓度分布和扩散情况等表征溶液与黏土相互作用的关键信息。

本章建立了蒙脱石晶体微观分子动力学模型，考虑在 5℃、20℃和 40℃条件下对不同含水量（6%、12%、18%、24%、33%和 43%）的蒙脱石水化动力学过程的模拟，并探讨了水化过程中的水分子和阳离子的扩散系数、配位数、相对浓度等分布与传导演化特征，以深刻认识膨胀土水化的微观分子动力学机制。

5.1 分子动力学模型构建

蒙脱石晶体是一种层状铝硅酸盐矿物。它的基本结构是由两个四面体氧化硅层和一个八面体氧化铝层组成的，属于 2∶1 型。晶体层之间通过静电力和范德华力相互作用。蒙脱石的晶体层电荷主要是由氧铝八面体中异价阳离子的取代而产生的，晶格参数 a'=5.23 Å, b'=9.06 Å, $\alpha'=\gamma'$=90°, β'=99°，层间距 c 随含水量的变化而变化，建模初始设为 c=12.5Å，即含一层水分子时的层间距。分子结构为 $Na_{0.75}(Si_{7.75}Al_{0.25})(Al_{3.5}Mg_{0.5})O_{20}(OH)_4$。在该模型中，32 个 Si^{4+}离子中有 1 个被 Al^{3+}取代，8 个 Al^{3+}离子中有 1 个被 Mg^{2+}取代，晶格取代产生的层电荷为-0.75e/元胞，层间由 Na^+平衡。蒙脱石模型中原子和离子的空间坐标如表 5.2 所示。

表 5.2 蒙脱石模型中原子和离子的空间坐标[119]

原子类型	层间距 c=12.5 Å		
	x(Å)	y(Å)	z(Å)
Al	0	3.020	12.500
Si	0.472	1.510	9.580
O	0.122	0	9.040
O	−0.686	2.615	9.240
O	0.772	1.510	11.200
O(OH)	0.808	4.530	11.250
H(OH)	−0.103	4.530	10.812
Na^+	0	4.530	6.250

为了真实反映黏土矿物的水化膨胀行为，本节采用 Clayff 力场来描述蒙脱石与水的相互作用。Clayff 力场将总势能分为范德华力、库仑力、键的伸缩和键角弯曲项的相互作用[123-126]，如式（5.1）所示。

$$E_{总} = E_{键的伸缩} + E_{键角弯曲项} + E_{库仑力} + E_{范德华力} \tag{5.1}$$

式中，E 为势能，其中范德华力、库仑力、键的伸缩在 Clayff 力场中成对相互作用，只有键角弯曲项是三原子相互作用。其表达式为

$$E_{键的伸缩}^{d_0 f_0} = M_u (u_{d_0 f_0} - u_0)^2 \tag{5.2}$$

$$E_{键角弯曲项}^{d_0 f_0 g_0} = M_v (v_{d_0 f_0 g_0} - v_0)^2 \tag{5.3}$$

$$E_{库仑力}^{d_0 f_0} = \frac{q_{d_0} q_{f_0} e_0^2}{4\pi \varepsilon_0 u_{d_0 f_0}} \tag{5.4}$$

$$E_{范德华力}^{d_0 f_0} = \varepsilon'_{d_0 f_0} \left[\left(\frac{\sigma_{d_0 f_0}}{u_{d_0 f_0}} \right)^{12} - 2 \left(\frac{\sigma_{d_0 f_0}}{u_{d_0 f_0}} \right)^6 \right] \tag{5.5}$$

式中，d_0、f_0、g_0 分别为不同的原子；u 和 v 分别为键长和键角；M_u 和 M_v 均为应力常数；u_0 和 v_0 分别为平衡键长和平衡键角；e_0 为电子电荷；q_{d_0} 和 q_{f_0} 分别为原子 d_0 和 f_0 的电荷；ε_0 为介电常数；ε' 为势阱深度；σ 为势能取最小值的原子距离；$\sigma_{d_0 f_0}$ 取算术平均值；$\varepsilon_{d_0 f_0}$ 取几何平均值。

水分子采用 SPC 模型，氧原子电荷为-0.82e，氢原子电荷为-0.41e，氢氧键平衡键长为 0.1nm，平衡键角为 109.47°，应力常数 M_u 为 2402.95eV/nm^2、M_v 为 1.9847eV/rad^2。

5.2 水化动力学特征参数

按照预设的含水量条件，蒙脱石晶胞吸附不同数量的水分子，黏土矿物吸附水分子示意如图 5.1 所示。优化采用 Smart Minimizer 算法，收敛精度设置为 Fine

级[127-128]。可以看出，蒙脱石晶层间会形成一层、两层、三层、四层的水分布结构。

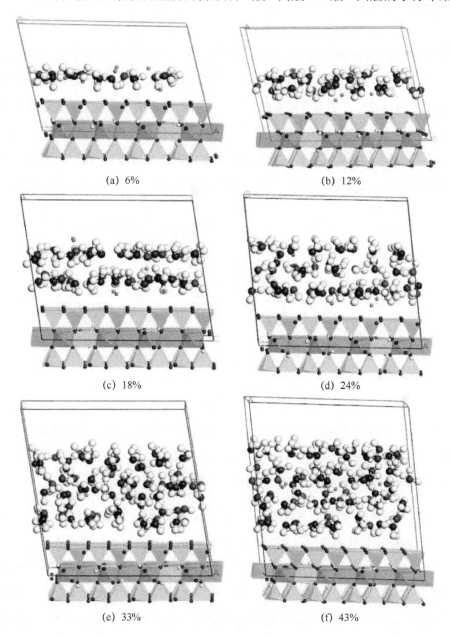

图 5.1 黏土矿物吸附水分子示意

5.2.1 层间距

黏土矿物的膨胀特性可以采用层间距来表征。从图 5.2 可以看出，不同含水量的蒙脱石层间距为 0.8~2.0nm，与典型的试验和模拟结果一致或接近[129-135]。从图 5.2 中可以看出，随着含水量的增加，层间距逐步增大，说明了蒙脱石具有遇水膨胀特性。当含水量为 6%时，水分子形成一层分布结构；当含水量为 12%和 18%时，水分子逐步形成紧密、完整的两层水化态；当含水量提高到 24%和 33%时，水分子形成了三层水化态；当含水量达到 43%时，水分子出现了四层水化态。

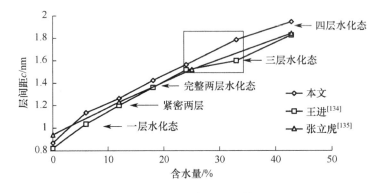

图 5.2 蒙脱石吸附水分子后的层间距

本文分子动力学模拟在等温等压系统（NPT）下进行，温度分别设定为 278K、293K 和 313K，控温方法为 Nose 方法，压力设置为 0.0001GPa，控压方法为 Berendsen 方法，模拟的初始构象采用优化后的蒙脱石模型。

表 5.3 所示为不同温度条件下分子动力学模拟后的层间距。可以看出，在相同温度下，随着含水量的增加，层间距均逐步增加；但在含水量相同的情况下，随着温度的升高，层间距并没有显著改变，即层间距受温度影响较小。众所周知，温度的升高可以加速水分子的扩散，但此时，如果没有新的水分子进入，即没有额外补充，蒙脱石的层间距就不会有明显变化。由此可知，在宏观黏土膨胀性试验中观察到的膨胀量随温度具有显著变化的现象，并不是由晶格热膨胀导致的，而是高温促进了水的扩散，当外界有水输入时，层间水分子增多，从而使土体膨

胀率增大。可见，水分迁移对非饱和膨胀土的胀缩性起着关键作用。

表 5.3 不同温度条件下分子动力学模拟后层间距 c(Å)

温度/℃	含水量/%					
	6	12	18	24	33	43
5	11.386	12.647	14.272	15.656	17.884	19.356
20	11.383	12.652	14.257	15.667	17.881	19.359
40	11.380	12.653	14.284	15.661	17.892	19.357

5.2.2 水分子扩散系数

水分子的迁移一般由扩散系数表征，本文采用均方位移法来计算蒙脱石层间粒子的自扩散系数。水分子扩散系数与均方位移间的关系符合爱因斯坦关系，具体计算公式如下：

$$D_\mathrm{w} = \frac{1}{6tN'} \sum_{g_0=1}^{N'} \left| r_{g_0}(t) - r_{g_0}(0) \right|^2 \tag{5.6}$$

式中，$\left| r_{g_0}(t) - r_{g_0}(0) \right|^2$ 为分子质心的均方位移；$r_{g_0}(t)$ 为粒子 g_0 在 t 时刻的质心位置；$r_{g_0}(0)$ 为粒子 g_0 的初始位置；N' 为目标粒子的总量。从式（5.6）中可以看出，水分子扩散系数与均方位移曲线的斜率成正比。因此，可以根据水分子随时间演化的位置信息，获得水分子的均方位移曲线，并拟合斜率，然后利用爱因斯坦关系计算水分子扩散系数。式（5.6）表明，扩散系数 D_w 是均方位移曲线斜率的 1/6。

经过计算的水分子扩散系数如表 5.4 所示，介于 $1.80 \times 10^{-11} \sim 22.0 \times 10^{-10}$ m²/s，与王进等所得结果相似[134,136-137]。从表 5.4 中可以看出，随着含水量的增加，水分子扩散系数显著增大，高温时增加幅度更大，当含水量相同时，20℃和40℃条件下的扩散系数为5℃的1~3倍，说明高温使水分子在层间的传导性增强。随着温度的升高，阳离子的水化能力降低，结合水分子减少，其扩散系数增大。同时，水分子扩散系数的增加表明水分子更容易侵入黏土矿物的结晶层，导致渗透水化，使土壤水化劣化效应的影响更为显著。

表 5.4 水分子扩散系数（$10^{-10}\text{m}^2/\text{s}$）

含水量/%	温度/°C		
	5	20	40
6	0.18	0.51	0.49
12	1.38	1.51	1.54
18	2.52	3.28	4.22
24	3.75	7.02	10.1
33	7.02	11.1	15.2
43	13.2	16.2	22.0

5.2.3 径向分布函数

蒙脱石膨胀最主要的驱动力是层间阳离子水化，因此研究层间阳离子水化具有重要意义。径向分布函数（RDF）和配位数（CN）是分析阳离子水化结构的重要方法。径向分布函数反映了两种原子之间的概率密度和组成中离子的聚集特性。系统的径向分布函数是所有同种原子的径向分布函数的代数平均值，反映了系统的原子分布特征和热力学性质[138-140]。其计算公式为

$$G_{g_0 f_0}(r) = \frac{\mathrm{d}N_{g_0-f_0}}{4\pi\rho_{f_0}r^2\mathrm{d}r} \tag{5.7}$$

式中，ρ_{f_0} 为粒子 f_0 的数量密度；$\mathrm{d}N_{g_0-f_0}$ 为距离中心粒子 g_0 在 r~$r+\mathrm{d}r$ 范围内的粒子 f_0 的数量；r 为离子 g_0 和 f_0 之间的距离。径向分布函数可表示距离中心原子 g_0 在 r 远处的 $\mathrm{d}r$ 范围内粒子 f_0 的出现概率。将径向分布函数曲线对距离积分，即可获得离中心粒子 g_0 一定距离范围内的粒子 f_0 的配位数。

通过式（5.7）可求得 Na^+-$\mathrm{O_w}$ 和 Na^+-$\mathrm{H_w}$ 的径向分布函数，如图 5.3 所示。从图 5.3 中可以看出，在不同含水量和温度条件下，Na^+-$\mathrm{O_w}$ 和 Na^+-$\mathrm{H_w}$ 的径向分布函数在足够远处都趋近于 1，且 Na^+-$\mathrm{O_w}$ 的第一峰位较 Na^+-$\mathrm{H_w}$ 的第一峰位更早出现，说明水分子主要以 $\mathrm{O_w}$ 趋向 Na^+，并形成水合钠离子，钠离子周围 $\mathrm{O_w}$ 出现的概率显著大于 $\mathrm{H_w}$。在不同含水量条件下，Na^+-$\mathrm{O_w}$ 的径向分布函数曲线主峰均在 2.25Å

处，Na^+-H_w 的峰值在 2.95Å 处。Na^+-O_w 的第二个峰值在 4~6Å 范围内，对应第二层水化壳结构。从图 5.3 中可以看出，第二峰整体形状低而宽，说明第二层水化壳较为疏松。在低含水量下，Na^+-O_w 的 RDF 出现了第二个峰值，说明层间钠离子的第一层和第二层水化壳是同时形成的。随着含水量的增加，第一峰的峰值下降，第二峰的峰值增强，即第二层水化壳逐渐稳定。当含水量为 24%时，第三峰逐渐明显，第三层水化壳已经形成；当含水量到达 43%时，第四层水化壳已经出现，但水化壳较松散且不稳定。由上述内容可知，随着含水量的增加，钠离子周围水化壳层数增多，每个峰的峰值逐渐下降，水分子受阳离子的吸附作用降低，变得更分散。

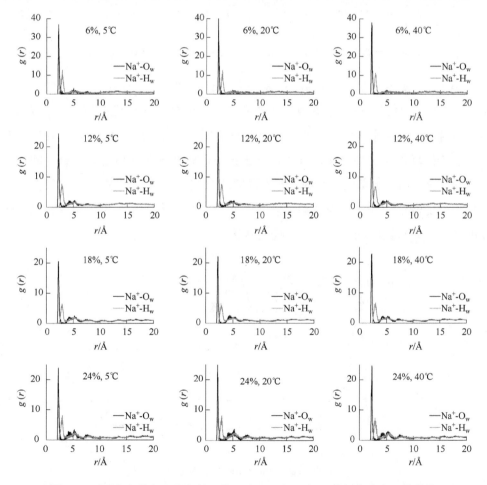

图 5.3　不同含水量和温度条件下的 Na^+-O_w 和 Na^+-H_w 的径向分布函数曲线

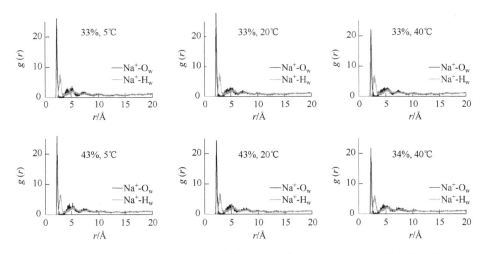

图 5.3 不同含水量和温度条件下的 Na^+-O_w 和 Na^+-H_w 的径向分布函数曲线（续）

图 5.4 所示为含水量为 6%、33%在不同温度下的 Na^+-O_w 和 Na^+-H_w 的径向分布函数曲线。为了更清晰地观察，每幅图均在主峰的峰值处进行放大。从图 5.4 中可以看出，当含水量为 6%时，随着温度的增加，Na^+-O_w 和 Na^+-H_w 的径向分布函数主峰的峰值无明显变化，说明在含水量较低的情况下，温度对水分子的扩散影响不显著。当含水量为 33%时，随着温度的增加，Na^+-O_w 和 Na^+-H_w 的径向分布函数主峰的峰值在减小，说明温度升高，水分子受阳离子的约束在降低，水分子逐渐扩散，而且温度的增加对第二峰的峰值也有不同程度的影响。

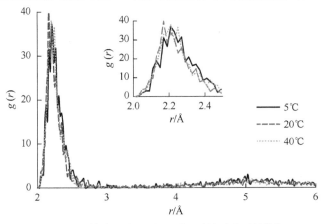

(a) 含水量为6%时的Na^+-O_w径向分布函数曲线

图 5.4 含水量为 6%、33%在不同温度下的 Na^+-O_w 和 Na^+-H_w 的径向分布函数曲线

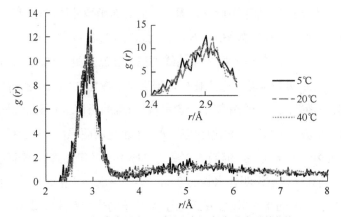

(b) 含水量为6%时的Na^+-H_w径向分布函数曲线

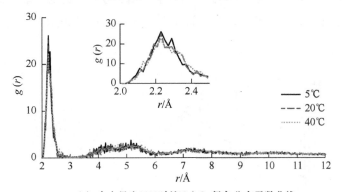

(c) 含水量为33%时的Na^+-O_w径向分布函数曲线

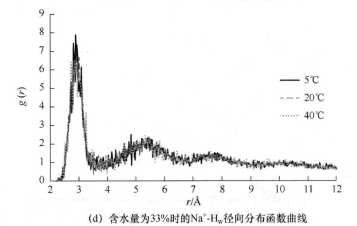

(d) 含水量为33%时的Na^+-H_w径向分布函数曲线

图 5.4 含水量为6%、33%在不同温度下的 Na^+-O_w 和 Na^+-H_w 的径向分布函数曲线（续）

图 5.5 所示为 20°C条件下不同含水量的径向分布函数曲线。可以看出，随着蒙脱石层间含水量的增加，水化层数增加，Na^+-O_w 和 Na^+-H_w 的径向分布函数曲线形态基本保持不变，Na^+-O_w 的径向分布函数 3 条曲线均在 $r=2.25Å$ 处出现波峰，这说明水分子在距离 Na^+约 2.25Å 处形成第一个水化层，但当含水量为 24%和 43%时，Na^+-Ow 和 Na^+-Hw 径向分布函数的第一个峰值小于含水量为 6%的峰值。3 条曲线均在 $r = 4\sim6Å$ 范围内出现第二个波峰，第二个水化层没有第一个水化层明显，水分子排列的有序度和密集程度也不及第一个水化层，但当含水量为 24%和 43%时的第二峰高度却明显大于含水量为 6%时的高度，这说明含水量的增加，第一层水分子相对减少，第二层水分子逐渐增多，层与层之间的含水量差距在降低，水分子的排列有序度减小。不同水化程度的蒙脱石层间水分子的结构基本相同，但含水量的增加导致与蒙脱石晶层表面相接触并形成氢键的水分子所占比例减小，使界面效应减弱，水分子间的排列有序度不断降低。

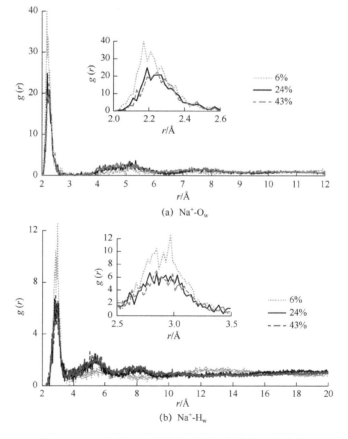

图 5.5　20°C条件下不同含水量的径向分布函数曲线

配位数是指中心原子与周围原子的配位关系，体现的是原子的结合能力和体系中粒子的紧密程度[141-142]。配位数越大，粒子排列越紧密。配位数可通过式（5.8）获得

$$N_{g_0-f_0} = \int_0^{r_{\min}} G_{g_0 f_0}(r) 4\pi \rho_{f_0} r^2 \mathrm{d}r \quad (5.8)$$

图 5.6 显示了 Na^+ 的水化配位数。结果表明，随着含水量的增加，Na^+ 的配位数逐渐减少。温度对 Na^+ 的配位数有显著影响。当含水量一定时，配位数随温度的升高而减小。配位数的减少表明 Na^+ 与水分子的结合更加松散，水合离子结构更加不稳定。这主要是因为离子水化自由能随着温度的升高而增加，更多的水分子脱离了 Na^+ 的束缚。

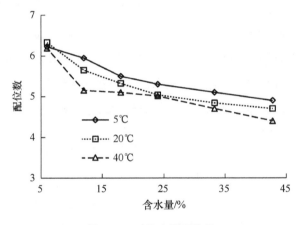

图 5.6 Na^+ 的水化配位数

5.2.4 浓度分布

分子动力学模拟得到的最终构型可以直观地反映水分子在蒙脱石层间的分布，而层间各组分沿（0,0,1）面法线方向的浓度分布曲线能反映垂直于蒙脱石表面的层间颗粒浓度分布情况。这两种方法的结合可以全面了解蒙脱石层间水分子的分布。

如图 5.7 所示，蒙脱石在不同水化程度下，层间水分子的分布明显不同。在含水量较小（6%）的蒙脱石层间，水分子在（0,0,1）面法线方向的浓度分布曲线只出现了一个较明显的浓度峰。蒙脱石中水分子的浓度峰位于 5.21Å 处；当蒙脱石

层间含水量为 12%时，水分子的浓度分布曲线出现了两个较紧凑的浓度峰，说明层间形成了两个紧密的水分子层，两层水化蒙脱石的浓度峰分别位于 $z=5.22$Å 和 $z=7.06$Å 处，峰值相对浓度比含水量为 6%时降低了 30%；当蒙脱石层间含水量达到 18%时，水分子的浓度分布曲线出现两个较宽的浓度峰，说明层间形成了两个较厚的水分子层，两层水化蒙脱石的浓度峰分别位于 $z=5.28$Å 和 $z=8.81$Å 处，相对浓度比含水量为 12%时降低约 20%；三层水化蒙脱石（含水量为 24%和 33%）中水分子的浓度峰分别位于 $z=5.40\sim5.58$Å、$z=8.03\sim9.12$Å 和 $z=10.10\sim12.64$Å 处，含水量为 33%时的相对浓度比含水量为 24%时降低 19%～35%；四层水化蒙脱石（含水量为 43%）中水分子的浓度峰分别位于 $z=5.44$Å、$z=8.00$Å、$z=11.20$Å 和 $z=13.76$Å 处。对比发现，水分子的浓度峰都以蒙脱石层间域的中面为对称轴呈对称分布。当含水量为 6%时，浓度峰值为 7.6；当含水量为 18%时，相对浓度降低了 45%；当含水量为 24%和 43%时，相对浓度依次降低了 50%和 65%。也就是说，随着含水量的增加，峰值逐渐减小，水分子的分布更加分散，含水量为 43%时的水分所占空间比含水量为 6%时增大一倍，曲线趋于平缓，相对浓度趋于均匀。

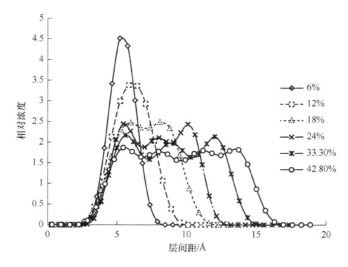

图 5.7　20℃时水分子的浓度分布

图 5.8 展示了在整个模拟过程中，初始状态和结束状态水分子沿 (0,0,1) 面法线方向的浓度分布。从图 5.8 中可以看出，水分子的相对浓度在两个时间点上有很大差别。水分子随时间逐渐扩散，其分布空间逐渐增大，相对浓度减小。

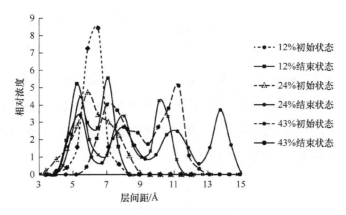

图 5.8 初始状态和结束状态水分子的浓度分布

5.3 水分迁移的微观内在关系分析

黏土与水的相互作用对黏土微观结构和水力性质的演化起着重要作用，本节利用分子动力学模拟方法系统地研究了蒙脱石体系的膨胀性、层间粒子微观结构及其水化结构的稳定性。

分子动力学模拟表明，随着层间含水量和温度的升高，层间 Na^+ 的配位数逐渐减小，层间水分子的动能逐渐增大，同时，水化 Na^+ 周围的水化壳结构变得松散，水分子受黏土表面引力减弱，水分子移动得更快，水膜更容易脱离土壤颗粒的束缚而变成自由水或水蒸气，这将导致一个更强烈的水汽扩散。相反，当温度相对较低时，水分子的动能较小，此时水膜很难脱离土壤颗粒的吸附，扩散系数减小，水分迁移自然变慢。

由此可知，扩散系数是描述水分子在土体中扩散的动力学特性指标，且受温度影响增减幅度较大（见表 5.4），这也是在宏观试验中，土体水分迁移的速度受温度影响显著的原因。由第 2 章内容可知，扩散系数是非饱和土水分迁移方程的重要参数，其直接影响着数值计算结果的准确性。现对分子动力学模拟所得的等温条件下的水分子扩散系数进行拟合，将拟合结果用于数值计算。由上文可知，扩散系数与体积含水量呈幂函数关系，而体积含水量与质量含水量的关系为

$$\theta = \frac{\rho_\text{d}}{\rho_\text{l}}\omega \tag{5.9}$$

为了便于计算，把土体基本物理指标所得不同质量含水量条件下的干密度 ρ_d 代入式（5.9），计算体积含水量，然后根据扩散系数与体积含水量的关系，拟合式（2.16）和式（2.17），如图 5.9 所示。将扩散系数的单位由 m²/s 换算成 cm²/d，换算后的拟合参数如表 5.5 和表 5.6 所示。

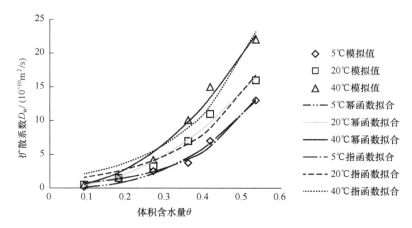

图 5.9 扩散系数与体积含水量的拟合

表 5.5 扩散系数与体积含水量的幂函数拟合

温度/℃	参数 δ	参数 ζ	相关系数 R^2
5	5.728	2.611	0.9888
20	3.231	2.067	0.9874
40	2.772	2.104	0.9862

表 5.6 扩散系数与体积含水量的指数函数拟合

温度/℃	参数 δ	参数 ζ	相关系数 R^2
5	0.038	6.348	0.9871
20	0.053	5.303	0.9602
40	0.042	5.394	0.9539

通过拟合发现，不同温度下的拟合效果都较好，两种函数关系拟合的效果都较好，但对比相关系数，幂函数的相关性均高于指数函数。

为了进一步探究温度对土体宏观土水特征的影响，本次通过 Van Genuchten-Mualem 模型，即式（5.10），求解参数 a_0、m_0。

$$D_w = \frac{(1-m_0)K_s}{a_0 m_0(\theta_s - \theta_r)} F^{0.5-\frac{1}{m_0}} \left[\left(1-F^{\frac{1}{m_0}}\right)^{-m_0} + \left(1-F^{\frac{1}{m_0}}\right)^{m_0} - 2 \right] \quad (5.10)$$

式中，$F = \dfrac{\theta - \theta_r}{\theta_s - \theta_r}$，$m_0 = 1 - \dfrac{1}{n_0}$，$K_s$ 为饱和渗透系数，取值为 5×10^{-8} m/s；θ_r 为残余体积含水量，取值为 12%；θ_s 为饱和体积含水量，取值为 41.5%。

将上述参数代入式（5.10），求解非线性方程组，然后利用式（3.1）拟合出不同温度下的土水特征曲线（SWCC），如图 5.10 所示。

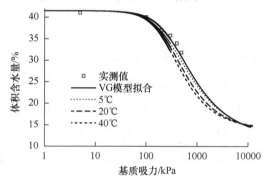

图 5.10　不同温度下的 SWCC 拟合

由图 5.10 可知，温度的变化并没有改变土水特征曲线的整体趋势。不同温度下拟合的土水特征曲线与实测值及 VG 模型在饱和区吻合度较高，但在非饱和区域出现了较明显的差异。在相同的基质吸力下，随着温度的升高，土样的体积含水量逐渐降低，即温度的升高导致了非饱和土持水性能的降低。

5.4　本章小结

本章考虑在 5℃、20℃和 40℃条件下对不同含水量（6%、12%、18%、24%、33%和 43%）的蒙脱石水化动力学过程进行分子动力学模拟，探讨了水化过程中的水分子和阳离子的扩散系数、配位数、相对浓度等分布与传导演化特征，所得结论如下：

（1）随着含水量的增加，层间距逐步增大，数值位于 0.8~2.0nm，层间水逐渐形成一层、二层、三层、四层的分布结构。在含水量一定的情况下，对黏土矿物进行不同温度下的分子动力学模拟，发现层间距并没有显著改变，即层间距受温度影响较小。

（2）本章采用均方位移法计算了蒙脱石层间水分子的扩散系数，介于 1.80×10^{-11}~22.0×10^{-10} m^2/s，随着含水量的增加，水分子的扩散系数显著增大，在高温条件下增幅更大，20℃和40℃条件下的扩散系数为5℃条件下的1~3倍，说明高温使水分子在层间的传导性增强。

（3）在不同含水量和温度条件下，Na^+-O_w 和 Na^+-H_w 的径向分布函数在足够远处都趋近于 1，且水分子主要以 O_w 趋向 Na^+，并形成水合离子。随着含水量的增加，Na^+周围水化壳层数增多，峰值下降，水分子受阳离子的吸附作用降低。在含水量较低的情况下，温度对水分子的扩散影响不显著。当含水量达到 33%时，随着温度的升高，径向分布函数的峰值降低，水分子受阳离子的约束降低，逐渐扩散。同时，随着温度的升高和含水量的增加，Na^+的配位数逐渐减小，Na^+与水分子的结合更加松散，水合离子结构更加不稳定。

（4）水分子的浓度峰都以蒙脱石层间域的中间位置为对称轴呈对称分布。当含水量为 6%时，浓度峰值为 7.6，但随着含水量的增加，峰值逐渐减小。含水量为 43%比含水量为 6%的相对浓度降低了 65%，但水分子的分布更加分散，含水量为 43%的水分所占空间比含水量为 6%的增大了一倍，浓度曲线趋于平缓，相对浓度趋于均匀。

第6章

非饱和膨胀土水分迁移的数值分析研究

在前人研究的基础上，第 2 章建立了非饱和膨胀土水分迁移模型，系统地阐述了非饱和膨胀土水分迁移引起的含水量变化。该含水量变化方程为分数阶非线性偏微分方程，求解过程较为复杂，难以得到解析解。有限差分法是将微分方程转化为差分方程，求得离散点上含水量的数值解的方法。本章运用有限差分法结合初始条件和边界条件，对气、液迁移方程进行求解，并将计算结果与试验数据进行对比，以此验证理论模型的合理性。

6.1 基于时间分数阶偏微分方程的差分方法

分数阶导数将整数阶的经典导数推广为任意阶微分算子。由于分数阶导数的非局部行为产生了记忆效应和历史依赖，因此在过去的几十年里，分数阶导数在科学和工程的各个领域得到了显著的应用。关于分数阶导数，常用的有 Grunwald-Letnikov 型、Rieman-Liouville 型和 Caputo 型，其定义如下。

1. Grunwald-Letnikov 型分数阶导数

假设 α 为正实数，令 $n-1 \leqslant \alpha < n$，n 为正整数。函数 $f(x)$ 定义在区间 $[a,b]$ 上，则

$$_a^G D_x^\alpha f(x) = \lim_{h \to 0} \frac{1}{h^\alpha} \sum_{j=0}^{(x-a)/h} (-1)^j \binom{\alpha}{j} f(x-jh) \tag{6.1}$$

式中，$_a^G D_x^\alpha f(x)$ 为函数 $f(x)$ 的 α 阶 Grunwald-Letnikov 型分数阶导数，其中 $x \in [a,b]$，$\binom{\alpha}{j}$ 表示二项式系数。

$$\binom{\alpha}{j} = \frac{\Gamma(\alpha+1)}{\Gamma(\alpha-j+1)\Gamma(j+1)} \tag{6.2}$$

式中，$\Gamma(\cdot)$ 为 Gamma 函数，其定义为

$$\Gamma(z) = \int_0^\infty e^{-x} x^{z-1} dx, \quad [\mathrm{Re}(z) > 0] \tag{6.3}$$

2. Rieman-Liouville 型分数阶导数

假设 α 为正实数，令 n–1≤α<n, n 为正整数。函数 f(x)定义在区间[a, b]上，则

$$_{a}^{R}D_{x}^{\alpha}f(x) = \frac{1}{\Gamma(n-\alpha)}\frac{\mathrm{d}^{n}}{\mathrm{d}x^{n}}\int_{a}^{x}\frac{f(t)}{(x-t)^{\alpha-n+1}}\mathrm{d}t \qquad (6.4)$$

式中，$_{a}^{R}D_{x}^{\alpha}f(x)$ 为函数 f(x)的 α 阶 Rieman-Liouville 型分数阶导数。

3. Caputo 型分数阶导数

假设 α 为正实数，令 n–1≤α<n, n 为正整数。函数 f(x)定义在区间[a, b]上，则

$$_{a}^{C}D_{x}^{\alpha}f(x) = \frac{1}{\Gamma(n-\alpha)}\int_{a}^{x}\frac{f^{(n)}(t)}{(x-t)^{\alpha-n+1}}\mathrm{d}t \qquad (6.5)$$

式中，$_{a}^{C}D_{x}^{\alpha}f(x)$ 为函数 f(x)的 α 阶 Caputo 型分数阶导数。

通过上述定义可知，Rieman-Liouville 型分数阶导数与 Caputo 型分数阶导数都是在 Grunwald-Letnikov 型分数阶导数定义的基础上进行改进的。相比 Rieman-Liouville 型分数阶导数，Caputo 型分数阶导数在处理初值问题方面较为便捷。根据分数阶导数的 L1 算法，可用 Caputo 算子对式（2.13）中 $\frac{\partial \omega(x,t)}{\partial t^{\alpha}}$ 进行离散。

假设 $t_k=k\Delta t$, $k=1, 2, \cdots, K$, $x_i=i\Delta x$, $i=1,2,\cdots,I$, 其中，Δt 和 Δx 分别为时间、空间步长。则

$$_{0}^{C}D_{t}^{\alpha}\omega(x_i,t_k) = \frac{1}{\Gamma(2-\alpha)\Delta t^{\alpha}}\sum_{j=0}^{k-1}b_j(\omega_i^{k-j} - \omega_i^{k-j-1}) \qquad (6.6)$$

其中，$b_j = (j+1)^{1-\alpha} - j^{1-\alpha}$, $j = 0,1,2,\cdots,k-1$。

6.2 基于 Conformable 分数阶理论计算分析

虽然 Caputo 算子是线性算子，并且具有一些优良的性质，但它并没有继承典型一阶导数的运算性质，如乘积法则、商法则、链法则和半群性质，这些不一致性导致

了局部分数阶导数的发展。Khalil 等[143]引入一种新的分数阶导数定义——Conformable 分数阶导数。由于其有效性和适用性，因此 Conformable 分数阶导数在牛顿力学[144]、量子力学[145]和随机过程[146]等领域得到了广泛的应用[147-149]。本节将同时采用 Caputo 型分数阶导数和 Conformable 分数阶导数对分数阶阶次 α 进行敏感性分析。

Conformable 分数阶导数的定义：对于函数 $f(x):[0,\infty)\to R$，当 $x>0$ 时，f 的 $a\in(0,1]$ 阶分数阶导数可表示为

$$T_\alpha f(x) = \lim_{h\to 0}\frac{f\left(x+hx^{1-\alpha}\right)-f(x)}{h} \tag{6.7}$$

Conformable 分数阶导数与一阶导数的关系为

$$T_\alpha f(x) = x^{1-\alpha}\frac{\mathrm{d}f(x)}{\mathrm{d}x} \tag{6.8}$$

对式（2.57）的时间导数采用 Conformable 分数阶导数定义下的分数阶偏微分方程有限差分离散格式[143,150]。假设 $tk=k\Delta t$，$k=1,2,\cdots,K$，$xi=i\Delta x$，$i=1,2,\cdots,I$，其中，Δt 和 Δx 分别为时间、空间步长。则式（6.8）在节点 $\omega(x_i,t_k)$ 处有

$$T_\alpha \omega_i^k = (k\Delta t)^{1-\alpha}\frac{\omega_i^{k+1}-\omega_i^k}{\Delta t} \tag{6.9}$$

由于式（2.57）中既有时间分数阶导数，又有一阶微分 $\partial\omega/\partial x$ 和二阶微分 $\partial^2\omega/\partial x^2$，因此在进行计算时，均采用差分形式。式（2.57）等号右侧差分格式可表示为

$$M(\omega)\frac{\partial^2\omega(x,t)}{\partial x^2} = M(\omega_i^k)\frac{\omega_{i+1}^k-2\omega_i^k+\omega_{i-1}^k}{(\Delta x)^2} \tag{6.10}$$

$$N(\omega)\left[\frac{\partial\omega(x,t)}{\partial x}\right]^2 = N(\omega_i^k)\left[\frac{\omega_{i+1}^k-\omega_i^k}{\Delta x}\right]^2 \tag{6.11}$$

则式（2.57）差分后得

$$(k\Delta t)^{1-\alpha}\frac{\omega_i^{k+1}-\omega_i^k}{\Delta t} = \frac{\left[M_i^k\left(\omega_{i+1}^k-2\omega_i^k+\omega_{i-1}^k\right)+N_i^k\left(\omega_{i+1}^k-\omega_i^k\right)^2\right]}{(\Delta x)^2} \tag{6.12}$$

其中，$M_i^k=M(\omega_i^k)$，$N_i^k=N(\omega_i^k)$；ω_i^k 为第 i 个 Δx 计算单元 k 个 Δt 时间的含水

量近似值。

将式（6.6）、式（6.10）和式（6.11）代入式（2.57），可得基于 Caputo 型分数阶导数的差分方程。

为了验证上述公式的可靠性，本节对模型进行了计算编程，并结合具体试验的初始条件和边界条件。水分迁移数值计算流程如图 6.1 所示。

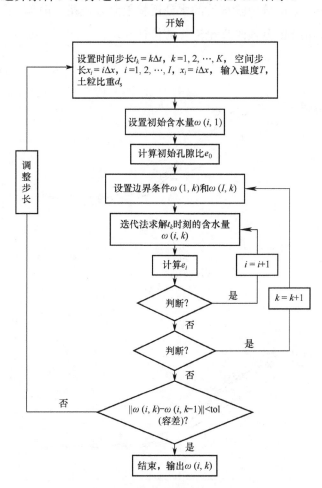

图 6.1　水分迁移数值计算流程

通过改变分数阶阶次 α 计算获得一系列同一时间（60d）、温度（40℃）和含水量梯度（24%/6%）下的含水量变化图，探究分数阶阶次对扩散过程的影响。α 分别取 0.5、0.6、0.7、0.8、0.9、0.95、1，所得相关曲线如图 6.2 和图 6.3 所示。

观察可知，分数阶阶次对迁移过程空间相关性有很大的影响。随着 α 的增大，水分迁移量逐渐增大。基于 Conformable 分数阶理论和 Caputo 分数阶理论的水分迁移差分方程对阶次 α 的敏感性分析均发现，当 α 取 0.95 时，气、液混合水迁移和气态水迁移的数值结果与试验结果最为接近。图 6.2 显示，在气、液混合水迁移模拟中，误差相对较小，而在气态水迁移模拟中，误差主要出现在距湿端 10~30cm 处。由于基于 Conformable 分数阶理论的水分迁移差分方程相对简单，计算量较小，后续均采用 Conformable 分数阶理论进行数值计算。

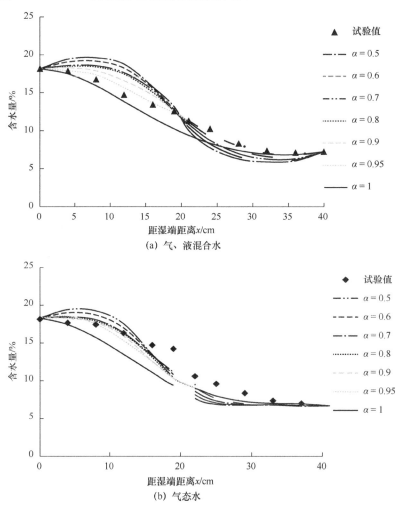

图 6.2 基于 Conformable 分数阶理论的不同分数阶阶次 α 对水分迁移的影响

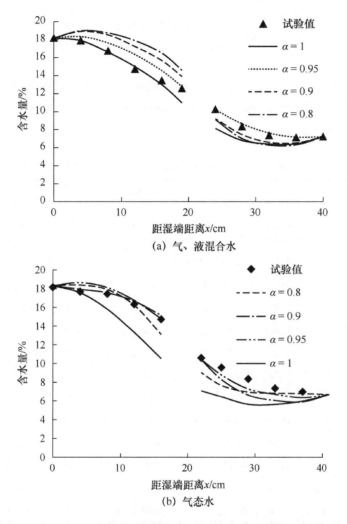

图 6.3 基于 Caputo 分数阶理论的不同分数阶阶次 α 对水分迁移的影响

针对气、液混合水迁移,以土样 A_3 为例,将 40cm 的试验土样进行了划分,设置步长 Δx =1cm,时间步长 Δt =0.5d。

初始条件:

$$\omega = \begin{cases} 0.22266 & 0 \leqslant x \leqslant 20 \\ 0.05781 & 20 < x \leqslant 40 \end{cases} \quad t=0$$

边界条件:

$$\omega = \begin{cases} 0.22266 - 0.000681t & x = 0 \\ 0.05781 + 0.000241t & x = 40 \end{cases}$$

对于 0~20cm 段土样，根据 SWCC 脱湿段，切线对应的斜率 k 被计算得到，为 $3.8\times10^{-6}\text{kPa}^{-1}$；对于 21~40cm 段土样，土体处于吸湿阶段，k 取值为 $3.6\times10^{-6}\text{kPa}^{-1}$。计算结果如表 6.1 和表 6.2 所示。

表 6.1 土样 A_3 湿段的数值计算结果（%）

时间/d	距湿端距离/cm										
	0	2	4	6	8	10	12	14	16	18	19
0	22.266	22.266	22.266	22.266	22.266	22.266	22.266	22.266	22.266	22.266	22.266
5	21.926	22.069	22.160	22.213	22.242	22.255	22.262	22.264	22.265	22.265	22.224
10	21.586	21.799	21.955	22.066	22.135	22.181	22.163	22.169	21.922	21.921	20.913
15	21.246	21.503	21.689	21.834	21.857	21.908	21.632	21.631	20.684	20.791	18.582
20	20.906	21.164	21.305	21.440	21.296	21.325	20.672	20.686	19.196	19.404	16.881
25	20.566	20.763	20.800	20.885	20.562	20.551	19.684	19.675	18.114	18.254	16.049
30	20.226	20.333	20.266	20.278	19.861	19.785	19.013	18.817	17.458	17.029	15.689
35	19.886	19.915	19.783	19.719	19.288	19.135	18.560	18.160	16.855	16.357	15.016
40	19.546	19.520	19.356	19.230	18.824	18.603	17.942	17.453	16.062	15.440	14.391
45	19.206	19.147	18.969	18.802	18.431	18.163	17.397	16.949	15.516	15.117	13.969
50	18.866	18.793	18.618	18.429	18.091	17.797	16.804	16.624	15.001	14.862	13.650
55	18.526	18.451	18.290	18.093	17.786	17.482	16.243	16.052	14.506	14.253	13.033
60	18.186	18.117	17.969	17.775	17.494	16.993	15.395	15.008	13.917	13.466	12.391

表 6.2 土样 A_3 干段的数值计算结果（%）

时间/d	距湿端距离/cm										
	21	22	24	26	28	30	32	34	36	38	40
0	5.781	5.781	5.781	5.781	5.781	5.781	5.781	5.781	5.781	5.781	5.781
5	9.423	7.239	6.291	5.895	5.792	5.780	5.780	5.781	5.787	5.815	5.901
10	9.556	8.493	7.140	6.363	5.987	5.839	5.795	5.793	5.818	5.883	6.021
15	9.988	9.096	7.702	6.785	6.249	5.975	5.859	5.834	5.867	5.961	6.141
20	10.315	9.489	8.127	7.154	6.523	6.155	5.971	5.912	5.943	6.055	6.261

续表

时间/d	距湿端距离/cm										
	21	22	24	26	28	30	32	34	36	38	40
25	10.551	9.776	8.461	7.471	6.783	6.348	6.109	6.015	6.035	6.156	6.381
30	10.727	9.997	8.730	7.741	7.022	6.542	6.259	6.135	6.141	6.263	6.501
35	10.872	10.180	8.962	7.984	7.250	6.739	6.424	6.274	6.265	6.383	6.621
40	10.989	10.331	9.157	8.197	7.458	6.928	6.589	6.418	6.395	6.506	6.741
45	11.088	10.454	9.323	8.383	7.645	7.105	6.749	6.561	6.525	6.626	6.861
50	11.172	10.566	9.474	8.557	7.825	7.280	6.913	6.711	6.662	6.754	6.981
55	11.245	10.667	9.614	8.719	7.997	7.451	7.077	6.865	6.805	6.887	7.101
60	11.309	10.752	9.735	8.863	8.153	7.609	7.230	7.011	6.942	7.014	7.221

针对气态水迁移，以土样 D_3 为例，将 41cm 的试验土样进行了划分，设置步长 $\Delta x=1\text{cm}$，将土样等距分成 41 段，取时间步长 $\Delta t=0.5\text{d}$。

初始条件：

$$\omega = \begin{cases} 0.22266 & 0 \leqslant x \leqslant 20 \\ 0.005 & 20 < x < 21 \quad t=0 \\ 0.05781 & 21 \leqslant x \leqslant 41 \end{cases}$$

边界条件：

$$\omega = \begin{cases} 0.22266 - 0.000687t & x=0 \\ 0.05781 + 0.000175t & x=41 \end{cases}$$

计算结果如表 6.3 和表 6.4 所示。

表 6.3 土样 D_3 湿段的数值计算结果（%）

时间/d	距湿端距离/cm										
	0	2	4	6	8	10	12	14	16	18	19
0	22.266	22.266	22.266	22.266	22.266	22.266	22.266	22.266	22.266	22.266	22.266
5	21.936	22.167	22.244	22.262	22.265	22.191	21.380	18.371	13.734	9.905	9.591
10	21.606	21.977	22.150	22.175	21.981	21.299	19.767	17.268	14.140	10.948	9.550
15	21.276	21.738	21.940	21.870	21.427	20.445	18.794	16.512	13.827	11.078	9.785

续表

时间/d	距湿端距离/cm										
	0	2	4	6	8	10	12	14	16	18	19
20	20.946	21.443	21.624	21.452	20.849	19.732	18.072	15.948	13.549	11.114	9.955
25	20.616	21.104	21.244	20.994	20.301	19.134	17.511	15.526	13.337	11.128	10.071
30	20.286	20.741	20.837	20.531	19.793	18.619	17.053	15.190	13.166	11.131	10.153
35	19.956	20.376	20.433	20.090	19.333	18.176	16.674	14.919	13.030	11.135	10.221
40	19.626	20.012	20.035	19.669	18.909	17.781	16.343	14.685	12.911	11.132	10.271
45	19.296	19.652	19.645	19.265	18.513	17.421	16.047	14.476	12.802	11.122	10.307
50	18.966	19.299	19.274	18.890	18.153	17.098	15.786	14.293	12.708	11.114	10.339
55	18.636	18.953	18.922	18.540	17.822	16.807	15.553	14.132	12.625	11.108	10.368
60	18.306	18.614	18.577	18.202	17.507	16.532	15.333	13.979	12.542	11.094	10.386

表 6.4　土样 D_3 干段的数值计算结果（%）

时间/d	距湿端距离/cm										
	22	23	25	27	29	31	33	35	37	39	41
0	5.781	5.781	5.781	5.781	5.781	5.781	5.781	5.781	5.781	5.781	5.781
5	5.897	5.732	5.756	5.779	5.780	5.780	5.780	5.780	5.781	5.791	5.856
10	6.487	6.088	5.800	5.772	5.777	5.779	5.779	5.780	5.787	5.819	5.931
15	6.920	6.429	5.936	5.799	5.778	5.777	5.779	5.783	5.800	5.856	6.006
20	7.258	6.726	6.104	5.864	5.796	5.784	5.785	5.794	5.823	5.902	6.081
25	7.522	6.975	6.273	5.947	5.827	5.793	5.790	5.805	5.847	5.949	6.156
30	7.734	7.183	6.429	6.037	5.866	5.806	5.796	5.815	5.871	5.993	6.231
35	7.914	7.366	6.581	6.137	5.920	5.834	5.814	5.836	5.904	6.046	6.306
40	8.195	7.661	6.846	6.330	6.041	5.902	5.859	5.883	5.973	6.151	6.456
45	8.407	7.886	7.266	6.509	6.168	5.986	5.920	5.941	6.047	6.256	6.606
50	8.708	8.277	7.658	6.919	6.401	6.240	6.285	6.208	6.206	6.200	6.531
55	8.922	8.690	7.870	7.013	6.972	6.890	6.524	6.445	6.435	6.560	6.606
60	9.495	8.985	8.168	7.598	7.237	7.038	6.961	6.980	6.893	6.715	6.681

部分样本的数值模拟三维显示如图 6.4 所示。

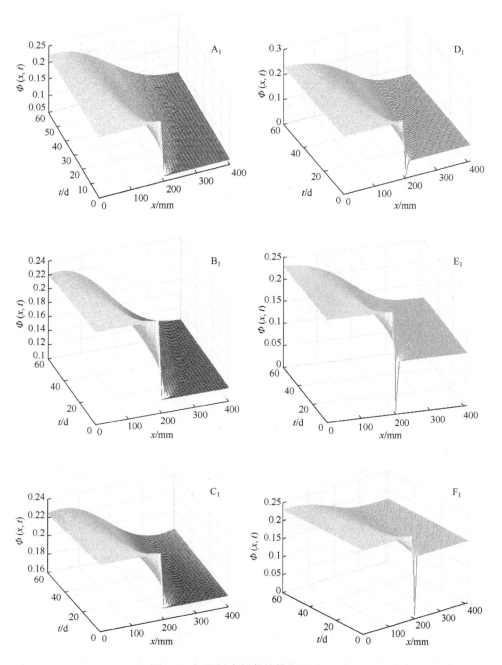

图 6.4　部分样本的数值模拟三维显示

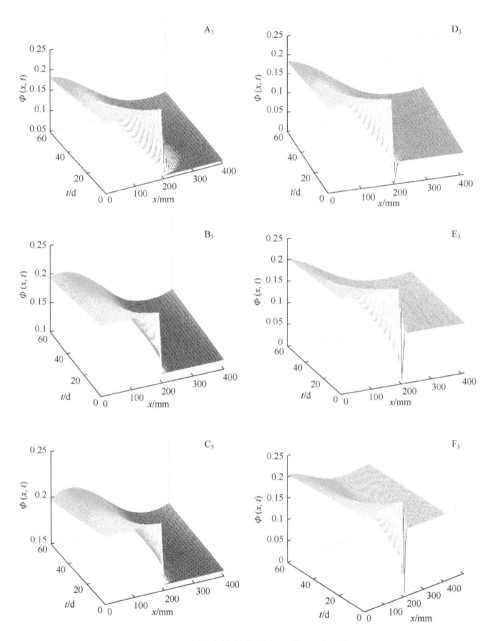

图 6.4 部分样本的数值模拟三维显示（续）

从图 6.4 中可以看出，随着迁移时间的延长，水逐渐从湿段向干段迁移，不同的含水量梯度和迁移方式对迁移速度均有影响。样本 D_1、E_1、F_1、D_3、E_3、F_3 为气态水迁移，空气段初始含水量定为 0.5%，故当 $t=0$ 时发生突变。随着迁移时间的增加，湿段含水量降低，而干段含水量增加。气态水迁移模型的迁移量低于气、液混合水迁移模型的迁移量。

6.3 数值计算结果与试验结果对比分析

为了更好地与试验结果对比分析，数值计算结果的提取位置与试验取样位置相同，从而考查理论推导是否可靠。

图6.5所示为5℃条件下的水分迁移数值计算结果与试验结果的比较，其中，样本A_1、B_1、C_1为气、液混合水迁移，样本D_1、E_1、F_1为气态水迁移。样本A_1迁移30d后，数值计算结果与实测值的差值在湿段为-1.38%～0.56%，在干段为-0.19%～1.36%，60d后，湿段差值为-1.24%～0.02%，干段差值为0.004%～1.49%，差异最大的部位位于干段。样本B_1经过30d的迁移，湿段数值计算结果与试验结果的差值为-1.69%～0.24%，干段差值为-0.22%～1.10%。迁移60d的湿段差值为-2.35%～-0.004%，干段差值为-0.001%～1.88%。样本C_1的30d误差湿段为-1.19%～0.64%，干段为-0.22%～1.53%，60d后湿段差值为-1.17%～-0.24%，干段差值为0.004%～1.34%。通过对比可以看出，两者数据较吻合，在湿段部分，数值计算结果比试验结果偏小，在干段部分，数值计算结果比试验结果偏大，意味着模拟结果与试验结果相比，水分迁移量偏大，且最大偏差主要集中在湿段和干段的交接处。

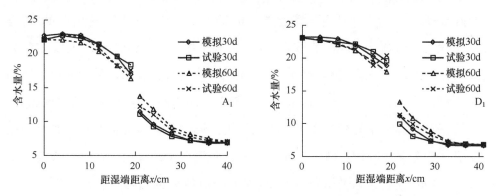

图6.5　5℃条件下的水分迁移数值计算结果与试验结果的比较

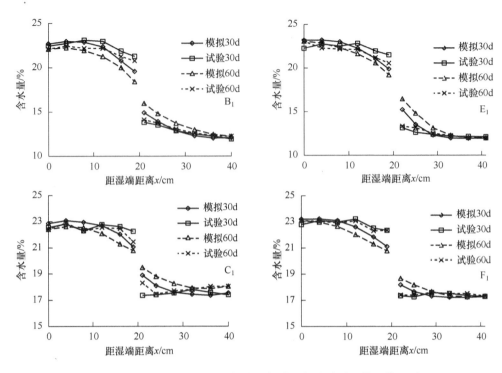

图 6.5 5℃条件下的水分迁移数值计算结果与试验结果的比较（续）

对于样本 D_1，迁移 30d 的数值计算结果与实测含水量的差值在湿段为 −1.27%~0.53%，在干段为 −0.12%~1.26%；迁移 60d 后，湿段的差值为 −2.47%~0.002%，干段的差值为 0.001%~1.96%，最大差值集中在湿段部分。对于样本 E_1，30d 的差值在湿段为 −1.61%~0.92%，干段为 −0.21%~2.11%，60d 后，湿段差值为 −1.33%~0.58%，干段差值为 0.002%~3.16%；对于样本 F_1，30d 的差值在湿段为 −1.24%~0.40%，干段为 −0.01%~0.83%，60d 后，湿段差值为 −1.57%~0.005%，干段差值为 −0.25%~1.26%。经对比可知，最大差值均发生在迁移 60d 的情况下，即迁移时间越长，气态水迁移的数值计算结果误差越大，而且误差主要集中在与空气段接触的土体段。通过气、液混合水和气态水的比较发现，气态水数值计算结果的误差比气、液混合水的偏大，在气、液混合水迁移中，30d 数值结果平均误差占比[误差绝对值与试验结果的比值平均值，见式（6.13）]为 2.55%（湿段）和 3.33%（干段），60d 的误差占比为 2.95%

（湿段）和 4.86%（干段）。在气态水迁移模拟中，30d 的误差占比为 2.86%（湿段）和 4.11%（干段），60d 的误差占比为 2.70%（湿段）和 5.20%（干段）。经过分析可知，无论气态水迁移还是气、液混合水迁移，干段误差为湿段的 1.4～1.9 倍。迁移 60d 的误差与 30d 相比增加 10%～30%。

$$误差占比 = \frac{\sum_{1}^{n}\frac{|模拟值-试验值|}{试验值}}{n} \quad (6.13)$$

式中，n 为取值个数，若计算某样本湿段或干段部分的误差占比，则取值为 6。

图 6.6 所示为 40℃条件下的数值计算结果与试验结果的对比，其中，样本 A_3、B_3、C_3 为气、液混合水迁移，样本 D_3、E_3、F_3 为气态水迁移。从图 6.6 中可以看出，在气、液混合水迁移中，数值计算结果与试验结果吻合度较高，但在气态水迁移距湿端 10～20cm 处，两者差别较大。样本 A_3 30d 的平均误差占比为 10.69%（湿段）和 8.15%（干段），60d 为 2.35%（湿段）和 1.91%（干段）。样本 B_3 30d 的平均误差占比为 7.29%（湿段）和 6.17%（干段），60d 为 2.77%（湿段）和 4.42%（干段）。样本 C_3 30d 的平均误差占比为 4.96%（湿段）和 3.30%（干段），60d 为 2.03%（湿段）和 2.32%（干段）。从以上数据可以看出，在气、液混合水迁移中，最大误差发生在样本 A_3 迁移 30d 时，样本 C_3 的误差最小。在 40℃条件下，随着迁移时间的增长，数值计算结果与实测值间的吻合度逐渐提高。

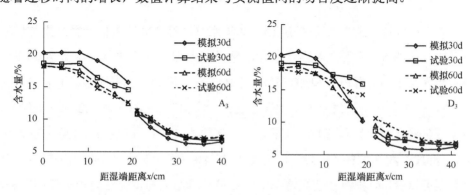

图 6.6　40℃条件下的数值计算结果与试验结果的对比

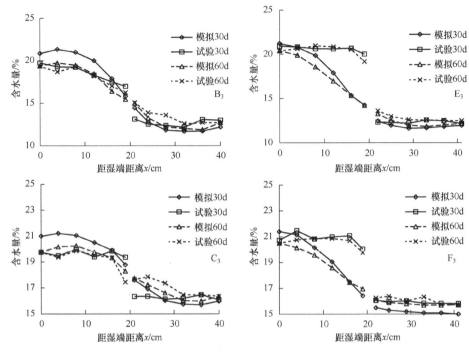

图 6.6　40℃条件下的数值计算结果与试验结果的对比（续）

在气态水迁移中，样本 D_3 30d 的平均误差占比为 13.52%（湿段）和 11.76%（干段），60d 为 8.14%（湿段）和 4.77%（干段）。样本 E_3 30d 的平均误差占比为 12.16%（湿段）和 3.77%（干段），60d 为 14.11%（湿段）和 3.84%（干段）。样本 F_3 30d 的平均误差占比为 8.69%（湿段）和 3.19%（干段），60d 为 8.57%（湿段）和 2.56%（干段）。可以看出，在气态水迁移中，随着含水量梯度的降低，数值计算的误差也在减小。

图 6.7 所示为恒温 20℃和变温 15~20℃水分迁移 30d 的数值计算结果与试验结果对比。从图 6.7 中可以看出，在含水量梯度为 18%的样本 A 中，恒温的平均误差占比为 4.27%（湿段）和 10.58%（干段），变温为 2.87%（湿段）和 7.10%（干段）。在样本 B 中，恒温的平均误差占比为 2.61%（湿段）和 7.21%（干段），变温为 3.09%（湿段）和 2.10%（干段）。在样本 C 中，恒温的平均误差占比为 2.17%（湿段）和 3.23%（干段），变温为 2.54%（湿段）和 1.93%（干段）。从以上数据可以看出，恒温和变温情况下的数值计算结果与试验结果吻合度都较高，其中，变温情况下的误差更小一些，约为恒温的 65%。在气态水迁移中，在样本 A

中，恒温的平均误差占比为 3.26%（湿段）和 8.20%（干段），变温为 3.67%（湿段）和 7.39%（干段）。样本 B 中，恒温的平均误差占比为 3.39%（湿段）和 4.01%（干段），变温为 3.08%（湿段）和 6.34%（干段）。在样本 C 中，恒温的平均误差占比为 2.21%（湿段）和 4.32%（干段），变温为 3.25%（湿段）和 2.70%（干段）。

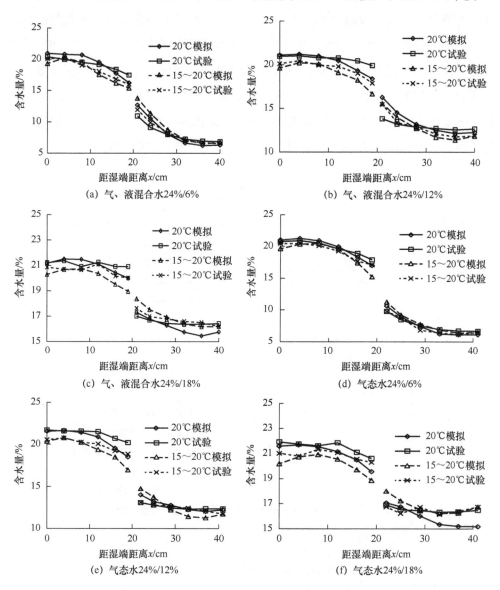

图 6.7 恒温 20℃和变温 15～20℃水分迁移 30d 的数值计算结果与试验结果对比

经过以上分析可以发现，在 5℃、20℃、40℃和 15~25℃条件下的数值计算结果与实测值对比中，整体上数值计算结果与试验结果吻合度较高，只是在湿段与干段的交接处误差稍大，这种情况在 40℃时的气态水迁移中最明显。图 6.8 所示为不同温度下数值计算结果的误差占比。可以看出，气态水的误差比气、液混合水的稍大，为气、液混合水的 1.1~2 倍；不论气、液混合水迁移还是气态水迁移，误差与温度、含水量梯度均成正比，40℃条件下的整体误差占比约为 5℃条件下的 3 倍、20℃条件下的 2 倍；误差与迁移时间呈非线性关系，但从整体分析，迁移 60d 的误差占比约为 30d 的 50%。造成数值计算结果与试验结果的差异原因为：一是边界上水分含量的测定难以控制；二是部分参数是通过 SWCC 确定的，但不同试验方法得到的 SWCC 差异较大，对参数值有一定的影响。

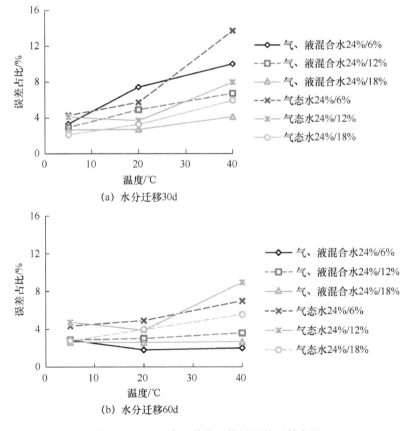

图 6.8 不同温度下数值计算结果的误差占比

通过上述在不同含水量梯度、温度及迁移时间条件下的数值计算结果与试验结果的对比可知,数值计算得出的水分迁移变化与试验结果较吻合。笔者所进行的理论推导和提出的基于分数阶的气态水和液态水的耦合计算方法是比较可靠的。应用该方法可以使非饱和土的水分迁移计算更加符合实际情况。同时,数值计算过程简单方便,弥补了试验耗时长、易产生误差等缺陷。

6.4 数值计算结果与整数阶模拟结果对比

上述对土体水分迁移进行了试验和数值计算,并对其结果对比分析,发现两者基本吻合,验证了数值计算的有效性。为了进一步验证分数阶水分迁移方程的有效性,现以第3章室内试验为基础,利用 VADOSE/W 软件建立整数阶数学模型,模拟水平方向土体内气态水和气、液混合水的迁移规律,将模拟结果与数值计算结果进行对比,进一步验证其合理性。

VADOSE/W 模型是基于 Wilson 和 Milly 修正的非饱和土体水分迁移的 Richard 方程得出的,采用有限元方法计算,边界条件设置灵活。一维液态水和水蒸气流动的瞬态方程为

$$\frac{\partial h'}{\partial t} = C'_w \frac{\partial}{\partial x}\left(k_w \frac{\partial h}{\partial x}\right) + C_v \frac{\partial}{\partial x}\left(D_v \frac{\partial P_v}{\partial x}\right) \tag{6.14}$$

式中,h' 为水头(m);液相体积改变的相关系数 $C'_w = \dfrac{1}{\rho_1 g m_2^w}$;水蒸气体积改变的相关系数 $C_v = \dfrac{1}{(\rho_1)^2 g m_2^w} \dfrac{P + P_v}{P}$。其中,$g$ 为重力加速度(m/s²);m_2^w 为土体体积压缩模量(m²/kN);$\dfrac{P + P_v}{P}$ 为水蒸气扩散矫正因子,P 为总大气压力(kPa)。

模型信息参数输入主要包括以下步骤。

(1)创建模型界面。分析类型为瞬态耦合,设定迭代计算参数及迁移时间,模拟时长为60d。

（2）绘制模型。对于气、液混合水迁移，水平方向长度取 40cm；对于气态水迁移，水平方向长度取 41cm，垂直方向取 4.6cm，如图 6.9 所示。

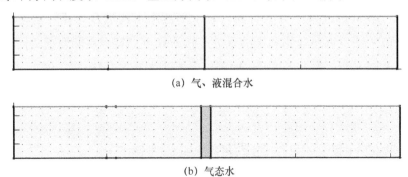

(a) 气、液混合水

(b) 气态水

（注：两侧浅灰色表示土体段，中间灰色表示空气段）

图 6.9　绘制模型

（3）输入材料属性，设置初始条件和边界条件。膨胀土的渗透系数、扩散系数均与含水量有关，随含水量的变化而变化。对导热系数和体积比热容，参考前人的文献[109]，取经验值。由于模拟试验模型，因此模型四周及两端均密封，不存在水分和温度的迁移，即没有流量和热的交换，属于不透水边界。

（4）数值计算。按照要求将上述参数输入后，即可单击运行进行模拟，如图 6.10 所示。

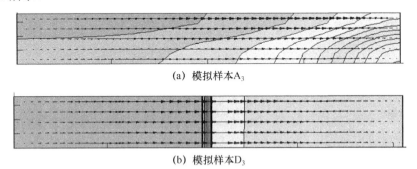

(a) 模拟样本A_3

(b) 模拟样本D_3

图 6.10　软件模拟

将体积含水量随时间的变化以图表的形式输出。图 6.11 所示为体积含水量随距离和时间的变化。

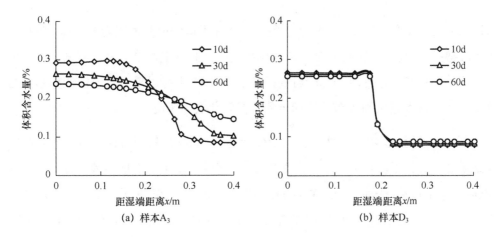

(a) 样本A_3 (b) 样本D_3

图 6.11 体积含水量随距离和时间的变化

为了便于观察模拟效果，根据前文所测膨胀土的干密度，将软件模拟的体积含水量转化为质量含水量，并将气、液混合水和气态水迁移 60d 的实测数据、数值计算与软件模拟值进行对比。

图 6.12 所示为 40℃条件下含水量梯度为 24%/6%的软件模拟、数值计算和试验结果的对比。在气、液混合水迁移中，数值计算的误差占比为 2.35%（湿段）和 1.91%（干段）；而软件模拟的误差占比为 10.58%（湿段）和 24.21%（干段）。可以看出，数值计算结果与试验结果更接近。在气态水迁移中，数值计算的误差

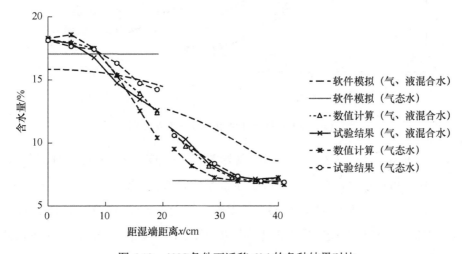

图 6.12 40℃条件下迁移 60d 的各种结果对比

占比为9.05%（湿段）和7.82%（干段）；软件模拟的误差占比为8.56%（湿段）和14.20%（干段）。软件模拟的误差与数值计算的误差相差不大。可见，在计算上，软件模拟和数值计算均比较可靠，但从图6.12中可以看出，数值计算结果与试验结果的含水量空间分布趋势较一致，更符合实际情况。

图6.13所示为20℃条件下含水量梯度为24%/6%的软件模拟、数值计算和试验结果的对比。可以看出，在气、液混合水迁移中，数值计算的误差占比为1.80%（湿段）和4.35%（干段）；而软件模拟的误差占比为5.20%（湿段）和28.14%（干段）。20℃条件下的软件模拟误差占比比40℃条件下有所降低，但最大误差依旧分布在干段，软件模拟误差较大。在气态水迁移中，数值计算的误差占比为1.32%（湿段）和2.53%（干段）；而软件模拟的误差占比为12.49%（湿段）和22.87%（干段）。软件模拟的误差约为数值计算的9倍。

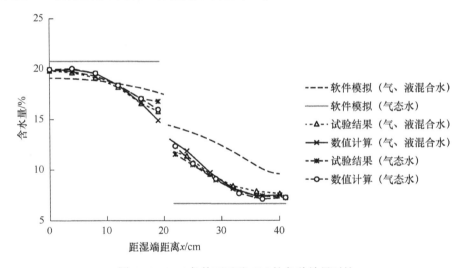

图6.13 20℃条件下迁移60d的各种结果对比

图6.14所示为5℃条件下含水量梯度为24%/6%的软件模拟、数值计算和试验结果的对比。可以看出，在气、液混合水迁移中，数值计算的误差占比为2.83%（湿段）和5.66%（干段）；而软件模拟的误差占比为7.29%（湿段）和21.25%（干段）。5℃条件下的软件模拟误差占比为数值计算的3～4倍，依然是在干段部分，软件模拟误差较大。在气态水迁移中，数值计算的误差占比为2.51%（湿段）和

6.16%（干段）；而软件模拟的误差占比为 6.20%（湿段）和 20.52%（干段）。软件模拟的误差约为数值计算误差的 3 倍。

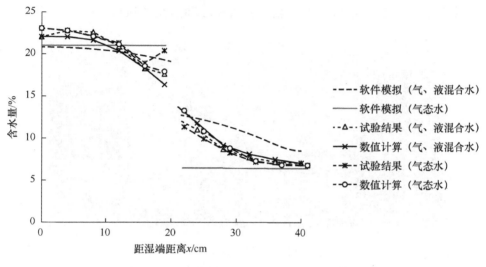

图 6.14　5℃条件下迁移 60d 的各种结果对比

通过以上在相同含水量梯度、不同温度下的结果对比可以看出，数值计算和软件模拟均与水分迁移的试验结果具有相同的变化规律，误差较大处基本是在干段部分。误差的原因为：一是空气段的参数取值，气态水迁移受温度、扩散系数、空气段湿度和压强等因素影响，空气段的参数设定较复杂，这个还需要进一步的研究；二是在试验过程中，边界含水量的测量难以控制，这在进行数值计算和软件模拟的过程中，给边界条件的设定带来了一定的误差。

6.5　基于 Conformable 分数阶理论的时间分数阶气、液迁移方程的应用验证

根据文献[151]，2016 年，朱青青、苗强强、陈正汉等研制出国内外首台考虑基质势影响的非饱和土水分迁移规律测试装置。系统由水平土柱部分、MP406 水

分计采集系统及 FTC-100 热传导吸力探头系统组成。其中，水平土柱部分包括内径 12cm、长 50cm 的有机玻璃圆柱，可测量体积含水量的范围为 0～100%的 5 支水分传感器和 5 支热传导吸力传感器，如图 6.15 和图 6.16 所示。

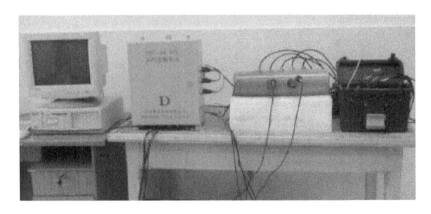

图 6.15　测试系统照片[151]

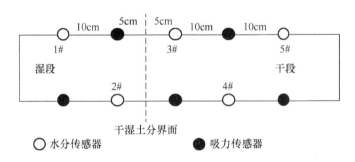

图 6.16　土柱传感器布置示意图[151]

广州—佛山高速公路 K12+905—K13+090 处填方段为含黏砂土，其颗粒相对密度 d_s 为 2.68，土样初始含水量为 14.5%，初始孔隙比 e_0 为 0.443，饱和度 S_r 为 87.34%，干密度 ρ_d 为 1.70g/cm³。土水特征曲线可参考文献[152]。本次试验设置了 3 种不同含水量土样组合，即初始质量含水量 23.9%/8.9%、15.3%/7.86%、27.5%/7.43%的土样组合。

本节采用 Conformable 分数阶理论的气、液迁移方程进行数值计算，其计算结果与实验装置检测结果对比如图 6.17 所示。

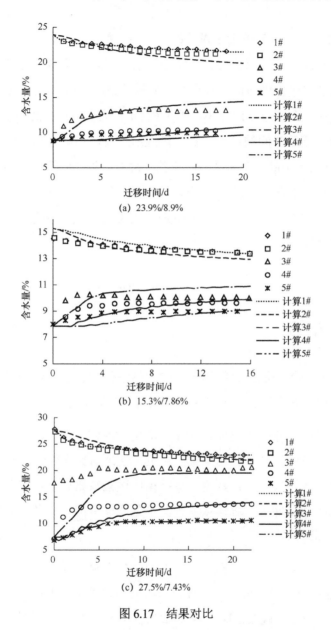

图 6.17 结果对比

由图 6.16 可知，1#和 2#水分传感器处于湿段，3#水分传感器位于靠近干、湿交界处的干段，4#和 5#水分传感器处于干段。通过数值计算与检测值可看出，1#水分传感器水分变化较小，主要是 1#、2#水分传感器在湿土中含水量已达到饱和程度，水分迁移变化不明显，2#水分传感器由于距离干段较近，所以水分传感器变化较 1#更明显，水分传感器含水量始终呈减小趋势，3#、4#、5#水分传感器位于干段，3#水分传感器变化最为显著，它距湿段较近，含水量变化较大，5#水分传感器变化较为缓慢是因为距湿段较远，水分较难到达。对于 1#和 2#水分传感器，随着时间的增加，含水量逐渐减小，基本在 5d 后趋于稳定；而干段内的 3#、4#、5#水分传感器，随着时间的增加，含水量逐渐升高，不同含水量组合，稳定时间有所区别，但在 5~10d 后基本达到稳定值。总之，数值计算结果与检测值吻合度较高，误差主要集中在 3#水分传感器，即干湿段交界处，这与 6.3 节的对比结果不谋而合，进一步验证了基于 Conformable 分数阶理论的时间分数阶非饱和气、液迁移方程的有效性。

6.6 本章小结

本章运用有限差分法结合初始条件和边界条件对基于分数阶理论的气、液迁移方程进行求解，并将数值计算结果与实测值、整数阶进行比较，所得结论如下：

（1）根据敏感性分析，当分数阶阶次 α 取 0.95 时，气、液混合水迁移和气态水迁移的数值计算结果与试验结果最为接近。通过对比发现，数值计算结果与实测数据较吻合，在湿段部分，数值计算结果比试验数据偏小，在干段部分，数值计算结果比试验数据偏大，总体数值计算水分迁移量偏大，且最大偏差主要集中在湿段和干段的交接处。

（2）将数值计算结果与实测值对比发现，气态水的误差为气、液混合水的误差的 1.1~2 倍；不论气、液混合水还是气态水，误差与温度、含水量梯度均成正比，40℃条件下的整体误差占比约为 20℃条件下的 2 倍、5℃条件下的 3 倍；误差与迁移时间呈非线性关系，但总体分析，迁移 60d 的误差占比约为 30d 的 50%。

（3）本章基于 VADOSE/W 软件模拟了标准整数阶下的水分瞬态流动过程，发现软件模拟和数值计算均比较可靠，数值计算结果与试验结果的含水量空间分布趋势较一致，更符合实际情况，其平均误差约为整数阶的 30%。

第 7 章
总结与展望

7.1 结论

本书进行了非饱和膨胀土的基本物理特性、胀缩试验、土水特征试验、SEM、EDS、膨胀土的水分迁移试验和微观分子动力学模拟,分析了相应的微观结构特征,并进行了一定试验条件下的数值模拟,总结了一定试验条件下非饱和膨胀土的水分迁移规律,得出如下主要结论。

(1)为探究水分迁移对膨胀土体结构特征、孔隙结构及颗粒特征的影响,本书采用非饱和土水特征曲线压力板仪,对饱和土样施加不同的基质吸力,并进行了 SEM 和 EDS 测试,定性和定量地分析了土体结构的变化规律。结果发现,土样以中小孔隙为主,占全部孔隙的 90%左右,不仅有利于土体的毛细水上升,还使得大量的结合水具有存在的空间。随着基质吸力的增大,土样微观结构存在明显的变化,颗粒的团聚性变强,结构单元体间的孔隙为水分迁移提供了方便通道。当基质吸力达到 400kPa 时,颗粒间形态调整,土样中敞口的孔隙闭合,孔隙间的连通性变差。

研究成果为不同含水量梯度、温度及迁移时间下的非饱和膨胀土水分迁移试验的迁移机理的研究提供了依据,并为求解时间分数阶气、液迁移方程的参数提供了数据支持。

(2)为揭示非饱和土中水分迁移在基质势的作用下的变化规律,本书在水平放置的 PVC 管中进行了考虑不同水分梯度、温度及迁移时间等影响因素的水分迁移试验。结果发现,对于气、液混合水迁移,含水量在湿段和干段的交接处变化量最大,距湿端 19cm 处的含水量减少量为湿端处的 1~4 倍,距湿端 21cm 处的含水量增加量为干端处的 1~6 倍。含水量梯度较大(18%)的样本,含水量变化最大,其迁移量是含水量梯度为 12%的样本的 1.5~2 倍,是含水量梯度为 6%的样本的 2~3 倍。经对比发现,含水量梯度为 18%的样本 60d 的迁移量比 30d 的提高 20%~30%，含水量梯度为 12%和 6%的样本同比提高 15%~20%，而且在相同的含水量梯度和迁移时间下，温度对水分迁移量的影响非常明显，20℃条件下的迁移量为 40℃条件下的 40%~60%，5℃条件下的迁移量为 40℃条件下的 25%~40%。可见，气、液混合水迁移受含水量梯度、温度和时间的影响非常显著。

研究结果为气态水和液态水迁移的对比分析提供了数据，并为分数阶气、液迁移方程的数值分析提供了有效实证支持。

（3）为探明气态水在非饱和土体水分迁移中的变化规律及在气、液混合水中所占比例，本书在水平放置的 PVC 管内湿段、干段土之间加入空气段。结果表明，气态水在非饱和土中的迁移是不可忽视的。当水源端含水量恒定，干段含水量较小时，水的迁移主要以气态水的形式进行。含水量梯度、温度和时间对气态水的迁移有很大的影响。在含水量梯度最大（18%）的样本中，水分迁移量是含水量梯度为 12%的样本的 2 倍，是含水量梯度为 6%的样本的近 3 倍。在相同的温度下，含水量梯度为 18%的样本 60d 比 30d 的迁移变化量增加 30%~40%，含水量梯度为 12%的样本同比增加 10%~30%，而含水量梯度为 6%的样本迁移量增加 7%~10%。可见，前 30d 水分迁移速度较快，而且含水量梯度越小，所需的迁移时间越短。经分析，在相同的含水量梯度和迁移时间下，20℃条件下的迁移量为 40℃条件下的 50%~60%，5℃条件下的迁移量为 40℃条件下的 30%~40%。同时，气态水在气、液混合迁移中所占比例同时受温度、时间和含水量梯度大小的影响。在含水量梯度较大的情况下，随着温度和时间的增加，气态水迁移量所占比例有所增加。在含水量梯度为 18%的样本中，气态水占比为 57%~90%，但在含水量梯度较小时，随着时间的增加，气态水迁移量所占比例降低，但一般不低于 30%。

研究结果为分数阶气、液迁移方程的数值分析提供了有效实证支持，并为后续工程实践提供了参考。

（4）为揭示自然条件变化下的温度对非饱和膨胀土体水分迁移的影响，结合当地的月平均气温变化，开展了两个月的 15~25℃变温及 20℃恒温条件下的水分迁移试验。结果发现，当迁移 30d 时，变温和恒温下的迁移量差别较小，但当迁移 60d 时，恒温下的迁移量为变温下的 50%～70%，而且变温下气态水所占气、液混合水的比例比恒温下的平均高 30%，这说明气态水的迁移受温度差的影响更显著。研究结果为后续的研究及工程实践提供了参考。

（5）为了解水—离子—黏土微观结构体系的物理化学过程，从微观层面探究不同含水量情况下黏土矿物的微观结构及水分子扩散行为，本书进行了分子动力学模拟。结果表明，随着含水量的增加，层间距逐步增大，层间水逐渐形成一层、二层、三层甚至四层的分布结构。同时，含水量和温度的升高，使层间 Na^+ 的配位数逐渐减小，层间水分子的动能逐渐增大，水合 Na^+ 周围的水化壳结构变得疏松，Na^+ 的水化能力逐渐减弱。模拟发现水分子的浓度峰都以黏土矿物层间域的中面为对称轴呈对称分布，且随着含水量的增加，峰值逐渐减小。含水量为 43%的样本比含水量为 6%的样本相对浓度峰值降低了 65%，但水分子的分布空间增大了一倍。经分析可知，随着水分子的进入，水分子扩散系数逐渐增大，高温下幅度更大，20℃和 40℃的为 5℃的 1～3 倍。对相同温度下的扩散系数进行拟合，发现相关系数 R^2 均大于 0.98，并将其应用于非饱和土气、液迁移方程数值计算和考虑温度的土水特征曲线模拟，获得了较好的效果。

研究结果为分数阶气、液迁移方程提供了参数支持。

（6）为了反映非饱和土体水平方向上水分迁移过程中的异常扩散现象，本书建立了时间分数阶非饱和土气、液迁移方程，基于 Conformable 分数阶理论和 Caputo 分数阶理论，采用有限差分法模拟了土壤水分的瞬态变化。将数值计算结果与实测结果及整数阶模拟的标准瞬态流动过程进行了比较，发现数值计算结果与试验结果相比，整体含水量分布吻合度较高，在距湿端 0～10cm 和 30～40cm 处误差最小，在距湿端 10～20cm 处，数值计算结果比试验值偏低，在 20～30cm 处，数值计算结果比试验值偏高，即土壤水分的瞬态变化偏大，且误差与温度、含水量梯度成正比。数值计算结果与整数阶的计算结果相比，平均误差约为整数阶的 30%，这为模拟非饱和土中水分迁移过程提供了一种有效的方法。

7.2 创新点

本书的创新点主要包括以下几个内容。

（1）基于 Caputo 分数阶和 Conformable 分数阶理论，构建了非饱和土时间分数阶气、液迁移方程，探索了极坐标下的分数阶气、液迁移方程的数值解法。根据 Stokes-Einstein 方程及分形理论，创建了考虑温度变化的扩散系数的计算公式，为非饱和膨胀土水分迁移分析和长期稳定性评价提供了依据。

（2）试验研究了 5℃、20℃、40℃恒温下及 15～25℃变温下不同含水量梯度及迁移时间对非饱和土体气态水与气、液混合水迁移的影响规律，并分析了气态水在气、液混合水迁移中所占的比例。对水分迁移后的膨胀土试样进行定性和定量分析，探讨了膨胀土体结构特征、孔隙结构及颗粒特征的变化规律。

（3）根据分子动力学理论，对不同温度下不同含水量的黏土矿物的水化动力学过程进行了模拟，深入探讨了水化过程中的水分子和阳离子的扩散系数、配位数、相对浓度等分布与传导演化特征，并将不同温度下拟合的扩散系数应用于数值计算和考虑温度的土水特征曲线的模拟，为宏观水分迁移特征的微观解释提供了依据。

7.3 后续研究内容及展望

非饱和膨胀土水分迁移的研究是一个非常复杂的课题。本书重点研究了温度、含水量梯度和迁移时间对土壤水分迁移的影响，探讨了非饱和膨胀土水分迁移的规律。

（1）在试验方案中，考虑了水分迁移 30d 和 60d 的变化规律，而水分迁移量随时间变缓或停止的总体趋势，需要在后续的试验中进一步考虑。同时，非饱和土体的扩散系数对水分迁移结果的影响明显，后期需增加扩散系数的试验测定，进一步分析含水量梯度对水分迁移的影响规律。水分迁移受多种因素影响，给研究总结规律带来了一定的难度。为了简化模型，本书重点考虑了水分在水平方向的迁移，忽略了重力势，在工程区域的地基土体中，水分不仅有水平方向的迁移，还有竖直方向的迁移，故在后续研究中，要完善重力势作用下的非饱和土水分迁移的数值分析，扩大实际应用范围。

（2）分子动力学模拟主要考虑了蒙脱石的微观水分迁移特征，而对伊利石、高岭石及碎屑等对土体水分迁移的微观特征的影响没有考虑。而且对水分子只采用了 SPC 刚性模型进行分析，缺乏 TIP4P 等柔性模型的模拟，后期需要建立变温下多物质混合体系下的水化模型，更新试验设备、计算硬件及软件，探寻更多的试验方案，进一步探究水分迁移对土壤微观结构和工程特性的影响。

（3）本书的研究结果有助于理解非饱和膨胀土的水分迁移规律，但该模型未考虑含水量变化引起的土体体积变化对水分迁移的影响。因此，今后有必要进一步研究土体体积变化对非饱和膨胀土中水分迁移的影响。

参考文献

[1] 陈正汉. 非饱和土与特殊土力学的基本理论研究[J]. 岩土工程学报, 2014, 36(2): 201-272.

[2] 侯龙. 非饱和土孔隙水作用机理及其在边坡稳定分析中的应用研究[D]. 重庆：重庆大学, 2012.

[3] 冷挺, 唐朝生, 徐丹, 等. 膨胀土工程地质特性研究进展[J]. 工程地质学报, 2018, 26(1): 112-128.

[4] 陈正汉, 郭楠. 非饱和土与特殊土力学及工程应用研究的新进展[J]. 岩土力学, 2019, 40(1): 1-54.

[5] 葛松. 合肥新桥机场膨胀土和灰土的水分迁移机理试验研究[D]. 合肥：合肥工业大学, 2013.

[6] 郭毅. 一维非饱和土壤热湿迁移规律及数值模拟研究[D]. 太原：太原理工大学, 2019.

[7] PAUL A, LAURILA T, VUORINEN V, et al. Thermodynamics, diffusion and the Kirkendall effect in solids[M]. Switzerland: Springer International Publishing, 2014.

[8] KRISHNAIAH S, SINGH D N. A methodology to determine soil moisture movement due to thermal gradients[J]. Experimental Thermal and Fluid Science, 2003, 27(6): 715-721.

[9] TENG J D, ZHANG S, LENG W M, et al. Numerical investigation on vapor transfer in unsaturated soil during freezing[J]. Japanese Geotechnical Society Special Publication, 2015, 1(3): 29-34.

[10] HE Z Y, ZHANG S, TENG J D, et al. A coupled model for liquid water-vapor-heat migration in freezing soils[J]. Cold Regions Science and Technology, 2018, 148: 22-28.

[11] SAKAI M, TORIDE N, SIMUNEK J. Water and vapor movement with condensation and evaporation in a sandy column[J]. Soil Science Society of America Journal, 2009, 73(3): 707-717.

[12] 李彦龙. 非饱和黄土结合水特性及水分迁移问题研究[D]. 西安：西安建筑科技大学, 2015.

[13] 贺再球. 非饱和土气态水迁移规律及其与液态水混合迁移的耦合计算[D]. 西安：西安建筑科技大学, 2004.

[14] RICHARDS L A. Capillary conduction through porous mediums[J]. Journal of Applied Physics, 1931, 1(5): 318-333.

[15] PENMAN H L. Gas and vapour movements in the soil: I. the diffusion of vapours through porous solids[J]. Journal of Agricultural Science, 1940, 30(3): 437-462.

[16] PHILIP J R, Devries D A. Moisture movement in porous materials under temperature gradient[J]. Eos Transactions American Geophysical Union, 1957, 38(2): 222-232.

[17] VRIES A D. Simultaneous transfer of heat and moisture in porous media[J]. Transactions, American Geophysical Union, 1958, 39(5): 909-916.

[18] TAYLOR S A, Cary J W. Linear equations for the simultaneous flow of matter and energy in a continuous soil system[J]. Soil Science Society of America Journal, 1964, 28(2): 167-172.

[19] SOPHOCLEOUS M A. Analysis of water and heat flow in unsaturated-saturated porous media[J].

Water Resources Research, 1979, 15(5): 1195-1206.

[20] MILLY P C D. A simulation analysis of thermal effects on evaporation from soil[J]. Water Resources Research, 1984, 20(8): 1087-1098.

[21] CELIA M A, BOULOTAS E T, ZARBA R. A general mass conservative numerical solution for the unsaturated flow equation[J]. Water Resources Research, 1990, 26(7): 1483-1496.

[22] CHANZY A, BRUCKLER L. Signification of soil surface moisture with respect to daily bare soil evaporation[J]. Water Resources Research, 1993, 29(4): 1113-1125.

[23] WILSON G W, FREDLUND D G, BARBOUR S L. Coupled soil-atmosphere modeling for soil evaporation[J]. Canadian Geotechnical Journal, 1994, 31(2): 151-161.

[24] WILSON G W, MACHIBRODA R T, BARBOUR S L, et al. Modelling of soil evaporation from waste disposal sites[C]. Proceedings of the Joint CSCE-ASCE National Conference on Environmental Engineering, 1993, 281-288.

[25] WILSON G W. Soil evaporation fluxes for geotechnical engineering problems[D]. Saskatoon: University of Saskatoon, 1990.

[26] 蔡树英, 张瑜芳. 温度影响下土壤水分蒸发的数值分析[J]. 水利学报, 1991(11): 1-8.

[27] 王铁行, 赵树德. 非饱和土体气态水迁移引起的含水量变化方程[J]. 中国公路学报, 2003, 16(2): 18-21.

[28] 王铁行, 贺再球, 赵树德. 非饱和土体气态水迁移试验研究[J]. 岩石力学与工程学报, 2005, 24(18): 3271-3275.

[29] 贺再球, 王铁行, 赵树德. 非饱和土体气态水和液态水混合迁移的耦合计算[J]. 西安建筑科技大学学报, 2004, 36(3): 285-287.

[30] GRIFOLL J, JOSEP M G, COHEN Y. Non-isothermal soil water transport and evaporation[J]. Advances in Water Resources, 2005, 28(11): 1254-1266.

[31] 白冰, 刘大鹏. 非饱和介质中热能传输及水分迁移的数值积分解[J]. 岩土力学, 2006, 27(12): 2085-2089.

[32] 张玲, 陈光明, 黄奕沄. 土壤一维热湿传递试验研究与数值模拟[J]. 浙江大学学报（工学版）, 2009, 43(4): 771-776.

[33] ZHAI J Y, FU M J. Discussion the differential equations and numerical calculation of water transference in nsaturated expansive soil [C]. International Conference on Mechanic Automation & Control Engineering. IEEE, 2010.

[34] 翟聚云, 鲁洁. 非饱和膨胀土水分迁移的试验研究[J]. 土木建筑与环境工程, 2010, 32(2): 26-29.

[35] 翟聚云. 非饱和膨胀土非稳态渗流方程的参数探讨[J]. 冰川冻土, 2009, 31(3): 582-585.

[36] ZHANG J, CHEN Q, YOU C. Numerical simulation of mass and heat transfer between biochar and sandy soil[J]. International Journal of Heat & Mass Transfer, 2015, 91: 119-126.

[37] ZHANG S, TENG J, HE Z, et al. Importance of vapor flow in unsaturated freezing soil: a numerical study[J]. Cold Regions Science & Technology, 2016, 126: 1-9.

[38] AN N, HEMMATI S, CUI Y. Numerical analysis of soil volumetric water content and temperature variations in an embankment due to soil-atmosphere interaction[J]. Computers and Geotechnics, 2017, 83: 40-51.

[39] 常福宣, 陈进, 黄薇. 反常扩散与分数阶对流——扩散方程[J]. 物理学报, 2005, 54(3): 1113-1117.

[40] 孙洪广, 常爱莲, 陈文, 等. 反常扩散: 分数阶导数建模及其在环境流动中的应用[J]. 中国科学: 物理学力学天文学, 2015, 45(10): 104702.

[41] NASSAR I N, GLOBUS A M, HORTON R. Simultaneous soil heat and water transfer[J]. Soil Science, 1992, 154(6): 465-472.

[42] GRIFOLL J, COHEN Y. Contaminant migration in the unsaturated soil zone: the effect of rainfall and evapotranspiration[J]. Journal of Contaminant Hydrology, 1996, 23(3): 185-211.

[43] MOHAMED A M O, ANTIA H E, GOSINE R G. Water flow in unsaturated soils in microgravity environment[J]. Journal of Geotechnical and Geoenvironmental Engineering, 2002, 128(10): 814-823.

[44] 马传明, 靳孟贵. 补排条件对一维土壤水分运动影响的试验研究[J]. 湖南科技大学学报, 2005, 20(3): 6-9.

[45] 王铁行, 王娟娟, 张龙党. 冻结作用下非饱和黄土水分迁移试验研究[J]. 西安建筑科技大学学报, 2012, 4(1): 7-13.

[46] 毛雪松, 侯仲杰, 孔令坤. 风积砂水分迁移试验研究[J]. 水利学报, 2010, 41(2): 142-147.

[47] 毛雪松, 侯仲杰, 马骉. 非饱和土体补水过程水分迁移数值分析[J]. 中外公路, 2006, 26(3): 36-38.

[48] WANG M W, LI J, GE S, et al. An experimental study of vaporous water migration in unsaturated lime-treated expansive clay[J]. Environmental Earth Sciences, 2015, 73(4): 1679-1686.

[49] WANG M W, LI J, GE S, et al. Moisture migration tests on unsaturated expansive clays in Hefei, China[J]. Applied Clay Science, 2013, 79(7): 30-35.

[50] MAHDAVI S M, NEYSHABOURI M R, FUJIMAKI H. Water vapour transport in a soil column in the presence of an osmotic gradient[J]. Geoderma, 2018, 315: 199-207.

[51] 蔡光华, 陆海军, 刘松玉. 温度梯度下压实黏土的水热迁移规律和渗透特性[J]. 东北大学

学报（自然科学版），2017, 38(6): 874-879.

[52] 林毓旗. 热源作用下非饱和土壤湿迁移试验及数值模拟[D]. 太原：太原理工大学, 2018.

[53] AN N, HEMMATI S, CUI Y J, et al. Numerical investigation of water evaporation from Fontainebleau sand in an environmental chamber[J]. Engineering Geology, 2018, 234: 55-64.

[54] 侯晓坤. 水分在非饱和黄土中的运移规律及其对边坡稳定性和湿陷变形的影响[D]. 西安：长安大学, 2019.

[55] LIU F F, MAO X S, ZHANG J X, et al. Isothermal diffusion of water vapor in unsaturated soils based on Fick's second law[J]. Journal of Central South University, 2020, 27(7): 2017-2031.

[56] 陈善雄. 非饱和土热湿耦合传输问题的模型试验与数值模拟[D]. 武汉：中国科学院武汉岩土力学研究所, 1991.

[57] 陈善雄, 陈守义. 非饱和土热湿耦合传输问题的数值解——理论及一维问题的解[J]. 岩土力学, 1992, 13(1): 39-50.

[58] SAMMORI T, TSUBOYAMA Y. Parametric study on slope stability with numerical simulation in consideration of seepage process[C]. International Symposium on Landslides, 1991: 539-544.

[59] HENRY E J, SMITH J E, WARRICK A W. Surfactant effects on unsaturated flow in porousmedia with hysteresis: horizontal column experiments and numerical modeling[J]. Journal of Hydrology, 2001, 245(1): 73-88.

[60] ROMANO N, BRUNONE B, SANTINI A. Numeical analysis of one-dimensional unsaturated flow in layered soils[J]. Advances in Water Resources, 1998, 21(4): 315-324.

[61] 王铁行, 胡长顺. 冻土路基水分迁移数值模型[J]. 中国公路学报, 2001, 14(4): 5-8.

[62] 王铁行. 非饱和黄土路基水分场的数值分析[J]. 岩土工程学报, 2008, 30(1): 41-45.

[63] LIU B C, LIU W, PENG S W. Study of heat and moisture transfer in soil with a dry surface layer[J]. International Journal of Heat and Mass Transfer, 2005, 48(21-22): 4579-4589.

[64] DEB S K, SHUKLA M K, SHARMA P, et al. Coupled liquid water, water vapor, and heat transport simulations in an unsaturated zone of a sandy loam field[J]. Soil Science, 2011, 176(8): 387-398.

[65] 奚茜, 盛炎平, 王爱文. 土壤水热耦合模型全隐式差分格式及其数值模拟[J]. 北京信息科技大学学报, 2016, 31(1): 48-54.

[66] IGORFROTA. Modeling studies of ion adsorption to kaolinite clay surfaces[D]. Indiana: University of Notre Dame, 2006.

[67] MOONEY R W, KEENAN A G, WOOD L A. Adsorption of water vapor by montmorillonite. I. Heat of desorption and application of BET theory1[J]. Journal of the American Chemical Society, 1952, 74(6): 1367-1374.

[68] SPOSITO G, PROST R. Structure of water adsorbed on smectites[J]. Chemical Reviews, 1982, 82(6): 553-573.

[69] PENG C, SONG S, FORT T. Study of hydration layers near a hydrophilic surface in water through AFM imaging[J]. Surface and Interface Analysis, 2006, 38(5): 975-980.

[70] ALEKSEYEV O L, BOJKO Y P, PAVLOVA L A. Electroosmosis in concentrated colloids and the structure of the double electric layer[J]. Colloids and Surfaces A: Physicochemical and Engineering Aspects, 2003, 222(1): 27-34.

[71] VAKARELSKI I U, ISHIMURA K, HIGASHITANI K. Adhesionbetween silica particle and mica surfaces in water and electrolyte solutions[C]. Joint International Conference on Information Sciences, 2000, 227(1): 111-118.

[72] 杨微, 陈仁朋, 康馨. 基于分子动力学模拟技术的黏土矿物微观行为研究应用[J]. 岩土工程学报, 2019, 41(S1): 181-184.

[73] 王亮, 徐金明, 黄大勇. 水化钠蒙脱石微观物理力学参数的分子动力学模拟[J]. 工程地质学报, 2015, 23(S1): 16-23.

[74] 陈正隆, 徐为人, 汤立达. 分子模拟的理论与实践[M]. 北京: 化学工业出版社, 2007.

[75] GREATHOUSE J A, CYGAN R T. Water structure and aqueous uranyl(VI) adsorption equilibria onto external surfaces of beidellite, montmorillonite, and pyrophyllite: results from molecular simulations[J]. Environmental Science & Technology, 2006, 40(12): 3865-3870.

[76] KERISIT S, LIU C. Molecular dynamics simulations of uranyl and uranyl carbonate adsorption at aluminosilicate surface[J]. Enviromeutal Science & Technology, 2014, 48(7): 3899-3907.

[77] KAWAMURA K, ICHIKAWA Y, NAKANO M, et al. Swelling properties of smectite up to 90°C In situ X-ray diffraction experiments and molecular dynamic simulations[J]. Engineering Geology, 1999, 54(1): 75-79.

[78] SANCHEZ F, ZHANG L. Molecular dynamics modeling of the interface between surface functionalized graphitic structures and calcium–silicate–hydrate: Interaction energies, structure, and dynamics[J]. Journal of Colloid & Interface Science, 2008, 323(2): 349-358.

[79] TOURNASSAT C, CHAPRON Y, LEROY P, et al. Comparison of molecular dynamics simulations with triple layer and modified Gouy–Chapman models in a 0. 1 M NaCl-montmorillonite system[J]. Journal of Colloid and Interface Science, 2009, 339(2): 533-541.

[80] BOURG I C, SPOSITO G. Molecular dynamics simulations of the electrical double layer on smectite surfaces contacting concentrated mixed electrolyte (NaCl–CaCl2) solutions[J]. Journal of Colloid and Interface Science, 2011, 360(2): 701-715.

[81] VIRGINIE M. Water dynamics in hectorite clays: influence of temperature studied by coupling neutron spin echo and molecular dynamics[J]. Environmental Science &Technology, 2011, 45(7): 2850-2855.

[82] HOLMBOE M, BOURG I C. Molecular dynamics simulations of water and sodium diffusion in smectite interlayer nanopores as a function of pore size and temperature[J]. Chemical Society Reviews, 2014, 42(8): 3628-3646.

[83] LU N, WILLIAM J Likos. 非饱和土力学[M]. 韦昌富，侯龙，简文星，译. 北京：高等教育出版社, 2012.

[84] ZHOU H W, YANG S, ZHANG S Q. Conformable derivative approach to anomalous diffusion[J]. Physica A: Statistical Mechanics and its Applications, 2018, 491: 1001-1013.

[85] SU N. Exact and approximate solutions of fractional partial differential equations for water movement in soils[J]. Hydrology, 2017, 4(1): 8.

[86] 杨欣. 土壤水分运动方程的解析解及有限点方法研究[D]. 西安：西安理工大学, 2019.

[87] ROOIJ G. Subsurface flow of water in soils and geological formations[M]. Oxford: Oxford Researc Encyclopedia of Environmental Science. 2016.

[88] CHEN J, WILLIAMS K, CHEN W, et al. A review of moisture migration in bulk material[J]. Particulate Science and Technology, 2018, 38(2): 247-260.

[89] FREDLUND D G, RAHARDJO H. 非饱和土土力学[M]. 北京：中国建筑出版社, 1997.

[90] 阮飞, 王威威, 包金小, 等. 纯水饱和蒸汽压理论计算及可控水蒸气发生装置搭建[J]. 试验室研究与探索, 2016, 35(11): 56-59.

[91] 何俊, 郝国文. 黏土衬垫中渗透系数与扩散系数的关系[J]. 煤田地质与勘探, 2007, 35(6): 40-43.

[92] 冯浩, 韩仕峰. 土壤非饱和导水率温度效应研究[J]. 土壤侵蚀与水土保持学报, 1997, 3(3): 76-82.

[93] MON E E, HAMAMOTO S, KAWAMOTO K, et al. Temperature effects on solute diffusion and adsorption in differently compacted kaolin clay[J]. Environmental Earth Sciences, 2016, 75(7): 562.

[94] QIAN Z, YU B, WANG S, et al. A diffusivity model for gas diffusion through fractal porous media[J]. Chemical Engineering Science, 2012, 68(1): 650-655.

[95] YU B M. Fractal character for tortuous streamtubes in porous media[J]. Chinese Physics Letters, 2005, 22(1): 158-160.

[96] 王昌进, 张赛, 徐静磊. 基于渗透率修正因子的气体有效扩散系数分形模型[J]. 岩性油气藏, 2021, 33(3): 162-168.

[97] SHEN L, CHEN Z. Critical review of the impact of tortuosity on diffusion[J]. Chemical

Engineering Science, 2007, 62(14): 3748-3755.

[98] EDLEFSEN N E, ANDERSON A B C. Thermodynsmics of soil moisture[J]. Hilgardia, 1943, 15(2): 31-39.

[99] GB/T 50123-2019, 土工试验方法标准[S]. 2019.

[100] JTG E40-2007, 公路土工试验规程[S]. 2007.

[101] GB 50112-2013, 膨胀土地区建筑技术规范[S]. 2013.

[102] FREDLUND D G, XING A. Equations for the soil-water characteristic curve[J]. Canadian Geotechnical Journal, 1994, 31: 521-532.

[103] 李孝平, 王世梅, 李晓云, 等. GDS 三轴仪的非饱和土试验操作方法[J]. 三峡大学学报（自然科学版）, 2008, 30(5): 37-40.

[104] 李健. 非饱和石灰改良膨胀土松弛试验研究[D]. 合肥：合肥工业大学, 2014.

[105] 徐捷, 王钊, 李未显. 非饱和土的吸力量测技术[J]. 岩石力学与工程学报, 2000, 19(6): 905-909.

[106] 汪明武, 杨江峰, 李健, 等. 合肥新桥国际机场原状非饱和膨胀土的土水特性研究[J]. 工业建筑, 2012, 42(12): 41-45.

[107] 孙德安, 张俊然, 吕海波. 全吸力范围南阳膨胀土的土—水特征曲线[J]. 岩土力学, 2013, 34(7): 1839-1846.

[108] MC Queen I S, MILLER R F. Approximating soil moisture characteristics from limited data: Empirical evidence and tentative model[J]. Water Resources Research, 1974, 10(3): 521-527.

[109] 刘小平. 非饱和土路基水作用机理及其迁移特性研究[D]. 长沙：湖南大学, 2008.

[110] 徐鹏. 皖南网纹红土非饱和工程特性研究[D]. 合肥：合肥工业大学, 2014.

[111] 魏义长, 刘作新, 康玲玲, 等. 土壤持水曲线 VanGenuchten 模型求参的 MATLAB 实现[J]. 土壤学报, 2004, 41(3): 380-386.

[112] 王红闪, 黄明斌. 四种方法推求土壤导水参数的差别与准确性研究[J]. 干旱地区农业研究, 2004, 22(2): 76-80.

[113] MUALEM Y. A new model for predicting the hydraulic conductivity of unsaturated porous media[J]. Water Resources Research, 1976, 12(1): 513-522.

[114] GENUCHTEN V. A closed-form equation for predicting the hydraulic conductivity of unsaturated soils[J]. Soil Science Society of America Journal, 1980, 44(5): 892-898.

[115] 唐家德. 基于 MATLAB 的非线性曲线拟合[J]. 计算机与现代化, 2008, 6: 15-19.

[116] 陈岚峰, 杨静瑜, 崔崧, 等. 基于 MATLAB 的最小二乘曲线拟合仿真研究[J]. 沈阳师范大学学报, 2014, 32(1): 78-82.

[117] 管政亭. 合肥新桥国际机场膨胀土工程性质与矿物成分的研究[D]. 合肥：合肥工业大学, 2008.

[118] 赵树德, 廖红建, 徐林荣, 等. 高等工程地质学[M]. 北京：机械工业出版社, 2005.

[119] 张亚云, 陈勉, 邓亚, 等. 温压条件下蒙脱石水化的分子动力学模拟[J]. 硅酸盐学报, 2018, 46(10): 1489-1497.

[120] 王进, 曾凡桂, 王军霞. 钠蒙脱石水化膨胀和层间结构的分子动力学模拟[J]. 硅酸盐学报, 2005, 33(8): 996-1001.

[121] CHANG F R C, SKIPPER N T, SPOSITO G. Monte Carlo and molecular dynamics simulations of interfacial structure in lithium-montmorillonite hydrates[J]. Langmuir, 1997, 13(7): 2074-2082.

[122] SKIPPER N T, SPOSITO G, CHANG F C. Monte Carlo simulation of interlayer molecular structure in swelling clay minerals; 2. Monolayer hydrates[J]. Clays and Clay Minerals, 1995, 43(3): 294-303.

[123] FOGDEN A. Removal of crude oil from kaolinite by water flushing at varying salinity and pH[J]. Colloids and Surfaces A: Physicochemical and Engineering Aspects, 2012, 402: 13-23.

[124] CYGAN R T, LIANG J, KALINICHEV A G. Molecular models of hydroxide, oxyhydroxide, and clay phases and the development of a general force field[J]. The Journal of Physical Chemistry B, 2004, 108(4): 1255-1266.

[125] LIU X, LU X, WANG R, et al. Interlayer structure and dynamics of alkylammonium-intercalated smectites with and without water: A molecular dynamics study[J]. Clays and Clay Minerals, 2007, 55(6): 554-564.

[126] SUTER J L, COVENEY P V, GREENWELL H C, et al. Large-scale molecular dynamics study of montmorillonite clay: Emergence of undulatory fluctuations and determination of material properties[J]. Journal of Physical Chemistry C, 2007, 111(23): 8248-8259.

[127] RAO S M, THYAGARAJ T, RAO P R. Crystalline and osmotic swelling of an expansive clay inundated with sodium chloride solutions[J]. Geotechnical and Geological Engineering 2013, 31: 1399-1404.

[128] COHAUT N, TCHOUBAR D. Small-angle scattering techniques[J]. Developments in Clay Science, 2013, 5: 177-211.

[129] SHAHRIYARI R, KHOSRAVI A, AHMADZADEH A. Nanoscale simulation of Na-Montmorillonite hydrate under basin conditions, application of CLAYFF force field in parallel GCMC[J]. Molecular Physics, 2013, 111(20): 3156-3167.

[130] BOEK E S. Molecular dynamics simulations of interlayer structure and mobility in hydrated Li-, Na-and K-montmorillonite clays[J]. Molecular Physics, 2014, 112(9-10): 1472-1483.

[131] CHANG F R C, SKIPPER N T, SPOSITO G. Computer simulation of interlayer molecular structure in sodium montmorillonite hydrates[J]. Langmuir, 1995, 11(7): 2734-2741.

[132] FU M H, ZHANG Z Z, LOW P F. Changes in the properties of a montmorillonite-water system during the adsorption and desorption of water: hysteresis[J]. Clays and Clay Minerals, 1990, 38(5): 485-492.

[133] 徐加放, 付元强, 田太行, 等. 蒙脱石水化机理的分子模拟[J]. 钻井液与完井液, 2012, 29(4): 1-4.

[134] 王进. 蒙脱石层间结构的分子力学和分子动力学模拟研究[D]. 太原：太原理工大学, 2005.

[135] 张立虎. 黏土矿物——流体体系界面属性的分子模拟[D]. 南京：南京大学, 2017.

[136] MICHOT L J, FERRAGE E, JIMÉNEZ-RUIZ M, et al. Anisotropic features of water and ion dynamics in synthetic Na- and Ca-smectites with tetrahedral layer charge. A combined quasi-elastic neutron-scattering and molecular dynamics simulations study[J]. Journal of Physical Chemistry C, 2012, 116(31): 16619-16633.

[137] 韩宗芳. 黏土矿物微观力学性质的分子动力学研究[D]. 北京：中国矿业大学, 2019.

[138] MIGNON P, UGLIENGO P, SODUPE M, et al. Ab initio molecular dynamics study of the hydration of Li+, Na+ and K+ in a montmorillonite model. Influence of isomorphic substitution[J]. Physical Chemistry Chemical Physics, 2010, 12(3): 688-697.

[139] REMPE S B, PRATT L R. The hydration number of Na+ in liquid water[J]. Fluid Phase Equilibria, 2001, 183(5): 121-132.

[140] BOEK E S, SPRIK M. Ab initio molecular dynamics study of the hydration of a sodium smectite clay[J]. Journal of Physical Chemistry B, 2003, 107(14): 3251-3256.

[141] 徐加放, 孙泽宁, 刘洪军, 等. 分子模拟无机盐抑制蒙脱石水化机理[J]. 石油学报, 2014, 35(2): 377-384.

[142] LOCK P A, SKIPPER N T. Computer simulation of the structure and dynamics of phenol in sodium montmorillonite hydrates[J]. European Journal of Soil Science, 2007, 58(4): 958-966.

[143] KHALIL R, AL HORANI M, YOUSEF A, et al. A new definition of fractional derivative[J]. Journal of Computational and Applied Mathematics, 2014, 264: 65–70.

[144] CHUNG W S. Fractional Newton mechanics with conformable fractional derivative[J]. Journal of Computational & Applied Mathematics, 2015, 290: 150-158.

[145] ANDERSON D R, ULNESS D J. Properties of the Katugampola fractional derivative with potential application in quantum mechanics[J]. Journal of Mathematical Physics, 2015, 56(6): 1-15.

[146] CENESIZ Y, KURT A, NANE E. Stochastic solutions of conformable fractional Cauchy problems[J]. Statistics & Probability Letters, 2017, 124: 126-131.

[147] BENKHETTOU N, HASSANI S, TORRES D F. A conformable fractional calculus on arbitrary time scales[J]. Journal of King Saud University-Science, 2016, 28(1): 93-98.

[148] IYIOLA O S, TASBOZAN O, KURT A., et al. On the analytical solutions of the system of conformable time-fractional Robertson equations with 1-D diffusion[J]. Chaos, Solitons & Fractals, 2017, 94: 1-7.

[149] AVCI D, ISKENDER EROGLU B, OZDEMIR N. The Dirichlet problem of a conformable advection-diffusion equation[J]. Thermal Science, 2017, 1(1): 9-18.

[150] 王睿, 周宏伟, 卓壮, 等. 非饱和土空间分数阶渗流模型的有限差分方法研究[J]. 岩土工程学报, 2020, 42(9): 1759-1764.

[151] 朱青青, 苗强强, 陈正汉, 等. 考虑基质势影响的非饱和土水分运移规律测试系统研制[J]. 岩土工程学报, 2016, 38(z2): 240-244.

[152] 苗强强, 张磊, 陈正汉, 等. 非饱和含黏砂土的广义土—水特征曲线试验研究[J]. 岩土力学, 2010, 31(1): 102-106.

反侵权盗版声明

电子工业出版社依法对本作品享有专有出版权。任何未经权利人书面许可，复制、销售或通过信息网络传播本作品的行为；歪曲、篡改、剽窃本作品的行为，均违反《中华人民共和国著作权法》，其行为人应承担相应的民事责任和行政责任，构成犯罪的，将被依法追究刑事责任。

为了维护市场秩序，保护权利人的合法权益，我社将依法查处和打击侵权盗版的单位和个人。欢迎社会各界人士积极举报侵权盗版行为，本社将奖励举报有功人员，并保证举报人的信息不被泄露。

举报电话：（010）88254396；（010）88258888
传　　真：（010）88254397
E-mail：　dbqq@phei.com.cn
通信地址：北京市万寿路 173 信箱
　　　　　电子工业出版社总编办公室
邮　　编：100036